영재학급, 영재교육원,
경시대회 준비를 위한

창의사고력
초등수학

팩토

KB085498

머리말

서로 다른 펜토미노 조각 퍼즐을 맞추어
직사각형 모양을 만들어 본 경험이 있는지요?

한참을 고민하여 스스로 완성한 후 느끼는 행복은 꼭 말로 표현하지 않아도 알겠지요.
퍼즐 놀이를 했을 뿐인데, 여러분은 펜토미노 12조각을 어느 사이에 모두 외워버리게
된답니다. 또 보도블록을 보면서 조각 맞추기를 하고, 화장실 바닥과 벽면의 조각들을
보면서 멋진 퍼즐을 스스로 만들기도 한답니다.
이 과정에서 공간에 대한 감각과 또 다른 퍼즐 문제, 도형 맞추기, 도형 나누기에 대한
자신감도 생기게 되지요. 완성했다는 행복감보다 더 큰 자신감과 수학에 대한 흥미가
생기게 되는 것입니다.

팩토가 만드는 창의사고력 수학은 바로 이런 것입니다.

수학 문제를 한 문제 풀었을 뿐인데, 그 결과는 기대 이상으로 여러분을 행복하게
해줍니다. 학교에서도 친구들과 다른 멋진 방법으로 문제를 해결할 수 있고, 중학생이
되어서는 더 큰 꿈을 이루는 밑거름이 되어 줄 것입니다.
물론 고민하고, 시행착오를 반복하는 것은 퍼즐을 맞추는 것과 같이 여러분들의
몫입니다. 팩토는 여러분에게 생각할 수 있는 기회를 주고, 그 과정에서 포기하지
않도록 여러분들을 도와주는 친구가 되어줄 것입니다.
자 그럼 시작해 볼까요?

Contents

Ⅰ 연산

1 뺄셈식에서 가장 큰 값, 가장 작은 값 — 8
2 곱셈식에서 가장 큰 값, 가장 작은 값 — 10
3 여러 가지 곱셈식의 가장 큰 값 비교 — 12
4 덧셈 복면산 — 18
5 곱셈 복면산 — 20
6 도형이 나타내는 수 — 22

Ⅱ 공간

1 도형 겹치기 — 34
2 특이한 모양의 위, 앞, 옆 — 36
3 주사위의 맞닿은 면 — 38
4 색종이 자르기 — 44
5 쌓기나무의 위, 앞, 옆 — 46
6 목표수 접기 — 48

Ⅲ 논리추론

1 길의 가짓수 — 60
2 진실과 거짓 — 62
3 순서도 해석하기 — 64
4 배치하기 — 70
5 프로그래밍 — 72
6 연역표 — 74

구성과 특징

📖 팩토를 공부하기 前 » 진단평가

**진단평가
바로가기**

1️⃣ 매스티안 홈페이지 www.mathtian.com의 교재 자료실에서 해당 학년의 진단평가 시험지와 정답지를 다운로드 하여 출력한 후 정해진 시간 안에 풀어 봅니다.

2️⃣ 학부모님 또는 선생님이 정답지를 참고하여 채점하고 채점한 결과를 홈페이지에 입력한 후 팩토 교재 추천을 받습니다.

📖 팩토를 공부하는 방법

① 대표 유형 익히기

대표 유형 문제를 해결하는 사고의 흐름을 단계별로 전개하였고, 반복 수행을 통해 효과적으로 유형을 습득할 수 있습니다.

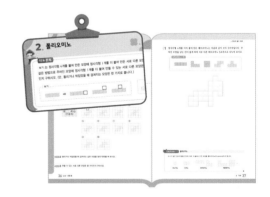

② 실력 키우기

유형별 학습이 가장 놓치기 쉬운 주제 통합형 문제를 수록하여 내실 있는 마무리 학습을 할 수 있습니다.

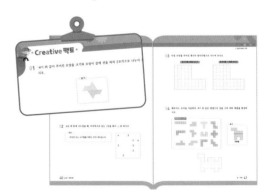

③ 경시대회 대비

각 주제의 대표적인 경시대회 대비, 심화 문제를 담았습니다.

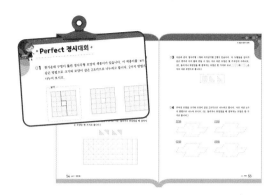

④ 영재교육원 대비

영재교육원 선발 문제인 영재성 검사를 경험할 수 있는 개방형·다답형 문제를 담았습니다.

⑤ 명확한 정답 & 친절한 풀이

채점하기 편하게 직관적으로 정답을 구성하였고, 틀린 문제를 이해하거나 다양한 접근을 할 수 있도록 친절하게 풀이를 담았습니다.

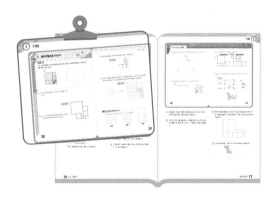

팩토를 공부하고 난 後 » 형성평가·총괄평가

1 팩토 교재의 부록으로 제공된 형성평가와 총괄평가를 정해진 시간 안에 풀어 봅니다.

2 학부모님 또는 선생님이 정답지를 참고하여 채점하고 채점한 결과를 매스티안 홈페이지 www.mathtian.com에 입력한 후 학습 성취도와 다음에 공부할 팩토 교재 추천을 받습니다.

I

연산

학습 Planner

계획한 대로 공부한 날은 😃 에, 공부하지 못한 날은 😟 에 ◯표 하세요.

공부할 내용	공부할 날짜		확 인	
1 뺄셈식에서 가장 큰 값, 가장 작은 값	월	일	😃	😟
2 곱셈식에서 가장 큰 값, 가장 작은 값	월	일	😃	😟
3 여러 가지 곱셈식의 가장 큰 값 비교	월	일	😃	😟
Creative 팩토	월	일	😃	😟
4 덧셈 복면산	월	일	😃	😟
5 곱셈 복면산	월	일	😃	😟
6 도형이 나타내는 수	월	일	😃	😟
Creative 팩토	월	일	😃	😟
Perfect 경시대회	월	일	😃	😟
Challenge 영재교육원	월	일	😃	😟

1. 뺄셈식에서 가장 큰 값, 가장 작은 값

대표 문제

주어진 숫자 카드를 모두 사용하여 뺄셈식을 만들려고 합니다. 계산 결과가 가장 클 때의 값을 구하시오.

STEP 1 주어진 숫자 카드 중 4장을 사용하여 만들 수 있는 가장 큰 네 자리 수를 써 보시오.

STEP 2 STEP 1에서 사용하고 남은 숫자 카드로 만들 수 있는 가장 작은 세 자리 수를 써 보시오.

STEP 3 STEP 1과 STEP 2에서 구한 수를 이용하여 뺄셈식을 완성한 후 두 수의 차가 가장 클 때의 값을 구하시오.

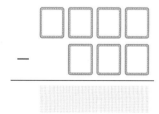

01 주어진 숫자 카드를 모두 사용하여 세 자리 수끼리의 뺄셈식을 만들려고 합니다. 계산 결과가 가장 클 때와 가장 작을 때의 값을 각각 구하시오.

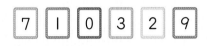

가장 큰 값	가장 작은 값

 **Lecture** ··· 뺄셈식에서 가장 큰 값, 가장 작은 값

• (세 자리 수) — (세 자리 수)에서 차가 가장 큰 값 만들기

가장 큰 수, 작은 수 만들기

가장 큰 수: 9 7 5
가장 작은 수: 1 3 4

➡

큰 수는 빼어지는 수에 작은 수는 빼는 수에 넣기

9 7 5
— 1 3 4

➡

가장 큰 값

9 7 5
— 1 3 4
8 4 1

• (세 자리 수) — (세 자리 수)에서 차가 가장 작은 값 만들기

차가 가장 작은 두 수를 백의 자리에 넣기

9
— 8

➡

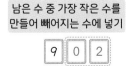

남은 수 중 가장 작은 수를 만들어 빼어지는 수에 넣기

9 0 2
— 8

➡

남은 수로 가장 큰 수를 만들어 빼는 수에 넣기

9 0 2
— 8 6 4
3 8

2. 곱셈식에서 가장 큰 값, 가장 작은 값

주어진 숫자 카드를 모두 사용하여 (두 자리 수)×(한 자리 수)의 곱셈식을 만들려고 합니다. 계산 결과가 가장 클 때와 가장 작을 때의 값을 각각 구하시오.

$$\boxed{6}\quad\boxed{5}\quad\boxed{9}$$

STEP 1 주어진 숫자 카드를 사용하여 2가지 방법으로 계산 결과가 가장 클 때의 값을 구하시오.

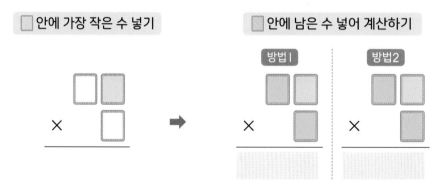

STEP 2 주어진 숫자 카드를 사용하여 2가지 방법으로 계산 결과가 가장 작을 때의 값을 구하시오.

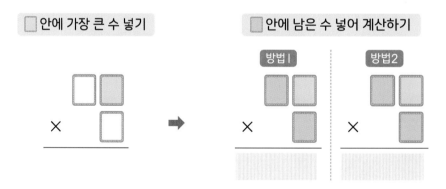

STEP 3 STEP 1과 STEP 2에서 구한 값을 비교하여 계산 결과가 가장 클 때와 가장 작을 때의 값을 각각 구하시오.

01 다음 (두 자리 수) × (한 자리 수)의 계산 결과가 가장 클 때 ●과 ◆을 각각 구하시오. (단, ●과 ◆은 서로 다른 숫자입니다.)

02 주어진 4장의 숫자 카드 중 3장을 사용하여 (두 자리 수) × (한 자리 수)의 식을 만들려고 합니다. 계산 결과가 가장 작을 때의 값을 구하시오.

| 8 | 2 | 4 | 7 |

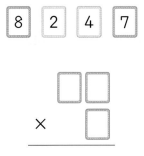

Lecture ··· (두 자리 수) × (한 자리 수)에서 가장 큰 값, 가장 작은 값

㉮ > ㉯ > ㉯인 3개의 수가 있을 경우

계산 결과가 가장 **큰** (두 자리 수) × (한 자리 수) 만드는 방법	계산 결과가 가장 **작은** (두 자리 수) × (한 자리 수) 만드는 방법
㉯ ㉯ × ㉮	㉯ ㉮ × ㉯

3. 여러 가지 곱셈식에서 가장 큰 값 비교

대표 문제

주어진 5장의 숫자 카드 중 4장을 사용하여 다음과 같이 2가지 방법으로 곱셈식을 만들려고 합니다. 만들 수 있는 곱셈식 중 계산 결과가 가장 클 때의 값을 구하시오.

▶ **STEP 1** 5장의 숫자 카드 중 4장을 사용하여 계산 결과가 가장 클 때의 (세 자리 수) × (한 자리 수)를 만들어 계산해 보시오.

▶ **STEP 2** 5장의 숫자 카드 중 4장을 사용하여 계산 결과가 가장 클 때의 (두 자리 수) × (두 자리 수)를 만들어 계산해 보시오.

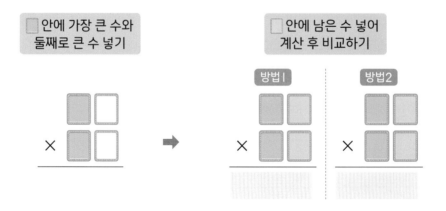

▶ **STEP 3** STEP 1과 STEP 2의 계산 결과를 비교하여 계산 결과가 가장 클 때의 값을 구하시오.

01 주어진 숫자 카드를 모두 사용하여 곱셈식을 만들려고 합니다. 계산 결과가 가장 클 때의 값을 구하시오.

$$\boxed{1}\quad\boxed{2}\quad\boxed{5}\quad\boxed{6}$$

02 주어진 숫자 카드를 모두 사용하여 (두 자리 수) × (두 자리 수)의 식을 만들려고 합니다. 계산 결과가 가장 클 때와 가장 작을 때의 값을 각각 구하시오.

$$\boxed{4}\quad\boxed{7}\quad\boxed{1}\quad\boxed{3}$$

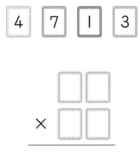

Lecture ··· 여러 가지 곱셈식에서 가장 큰 값

㉮ > ㉯ > ㉰ > ㉱인 4개의 수가 있을 경우, 계산 결과가 가장 큰 곱셈식 만드는 방법

(세 자리 수) × (한 자리 수)	(두 자리 수) × (두 자리 수)
㉯ ㉰ ㉱	㉮ ㉱
× ㉮	× ㉯ ㉰

Creative 팩토

01 주어진 숫자 카드를 모두 사용하여 세 자리 수끼리의 뺄셈식을 만들려고 합니다. 계산 결과가 가장 작을 때, ㉮에 들어갈 숫자를 구하시오.

02 1부터 6까지의 숫자 중 4개의 숫자를 사용하여 두 수를 만든 후, 두 수의 곱을 구하려고 합니다. 계산 결과가 가장 클 때의 값을 구하시오.

03 준수와 소현이는 각자 가지고 있는 4장의 숫자 카드를 모두 사용하여 곱이 가장 큰 (두 자리 수) × (두 자리 수)의 식을 만들려고 합니다. 준수와 소현이가 만든 식의 계산 결과의 합을 구하시오.

04 주어진 숫자 카드를 모두 사용하여 (세 자리 수) × (한 자리 수)의 식을 만들려고 합니다. 계산 결과가 가장 클 때와 가장 작을 때의 값의 차를 구하시오.

05 두 수의 합이 20인 두 자리 수와 한 자리 수가 있습니다. ? 에 들어갈 가장 큰 수를 구하시오.

$$\cdot\ \blacksquare + \blacksquare = 20$$
$$\cdot\ \blacksquare \times \blacksquare = ?$$

Key Point

㉮㉯ × ㉰의 계산 결과가 가장 크려면 ㉰에 가장 큰 수가 들어가야 합니다.

06 민서와 윤주가 각자 가지고 있는 숫자 카드를 모두 사용하여 세 자리 수를 만든 후, 각자 만든 두 수의 차를 구하려고 합니다. 두 수의 차가 가장 클 때의 값을 구하시오.

<민서>

| 6 | 4 | 3 |

<윤주>

| 5 | 2 | 9 |

07 |보기|와 같이 숫자가 쓰여 있는 회전판을 돌려 화살표가 가리키는 칸의 양쪽 2개씩의 수를 시계 방향으로 읽어 두 자리 수끼리의 곱셈식을 만들려고 합니다. 물음에 답해 보시오.

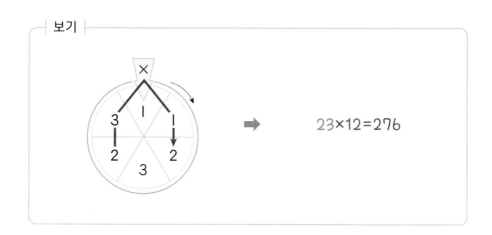

(1) 회전판이 다음과 같이 멈췄습니다. |보기|와 같은 방법으로 곱셈식을 만들어 보시오.

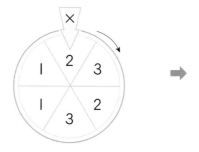

(2) (1)의 회전판을 돌려 만든 곱셈식의 계산 결과가 가장 큰 경우를 2가지 찾아 빈 곳을 채워 보시오.

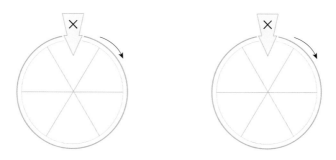

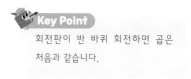
Key Point
회전판이 반 바퀴 회전하면 곱은 처음과 같습니다.

4. 덧셈 복면산

대표 문제

다음 덧셈식에서 각각의 모양이 나타내는 숫자를 구하시오. (단, 같은 모양은 같은 숫자를, 다른 모양은 다른 숫자를 나타냅니다.)

$$
\begin{array}{r}
\bullet\ \blacktriangle \\
+\ \blacktriangle\ \bullet \\
\hline
\bullet\ \bullet\ \bigstar
\end{array}
$$

> STEP 1 ●을 보고 ●이 나타내는 숫자를 구하시오.

$$
\begin{array}{r}
\bullet\ \blacktriangle \\
+\ \blacktriangle\ \bullet \\
\hline
\bullet\ \bullet\ \bigstar
\end{array}
$$

> STEP 2 STEP 1에서 구한 숫자를 안에 써넣은 후 ▲과 ★이 나타내는 숫자를 구하시오.

01 다음 덧셈식에서 각각의 모양이 나타내는 숫자를 구하시오.(단, 같은 모양은 같은 숫자를, 다른 모양은 다른 숫자를 나타냅니다.)

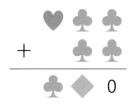

02 다음 덧셈식에서 A＋B＋C＋D의 값을 구하시오. (단, 같은 알파벳은 같은 숫자를, 다른 알파벳은 다른 숫자를 나타냅니다.)

$$
\begin{array}{cccc}
 & A & B & C \\
+ & & C & A \\
\hline
C & D & D & D
\end{array}
$$

Lecture ··· 덧셈 복면산

· 계산식에서 숫자를 문자나 기호 모양으로 나타낸 식을 복면산이라고 합니다.
· 복면산에서 같은 모양은 같은 숫자를, 다른 모양은 다른 숫자를 나타냅니다.

5. 곱셈 복면산

대표 문제

다음 곱셈식에서 각각의 모양이 나타내는 숫자를 구하시오. (단, 같은 모양은 같은 숫자를, 다른 모양은 다른 숫자를 나타냅니다.)

> **STEP 1** ●×●을 계산한 값의 일의 자리 숫자가 ●이 될 수 있는 ●을 모두 구하시오.

> **STEP 2** STEP1에서 구한 ●이 나타내는 숫자를 █ 안에 차례로 넣어 보고 다음 식을 만족하는 ●을 구하시오.

$$\begin{array}{r} \blacksquare\blacksquare \\ \times\ \ \blacksquare \\ \hline 3\ \bigstar\ \blacksquare \end{array}$$

> **STEP 3** STEP2에서 구한 ●이 나타내는 숫자를 이용하여 ●●×●의 값을 구한 후, ★이 나타내는 숫자를 구하시오.

01 다음 곱셈식에서 A × B의 값을 구하시오. (단, 같은 알파벳은 같은 숫자를, 다른 알파벳은 다른 숫자를 나타냅니다.)

$$
\begin{array}{ccc}
 & A & 7 \\
\times & & A \\
\hline
B & B & B
\end{array}
$$

02 다음 식에서 ■, ▲, ●이 나타내는 숫자를 각각 구하시오. (단, 같은 모양은 같은 숫자를, 다른 모양은 다른 숫자를 나타냅니다.)

Lecture ··· 곱셈 복면산

곱셈 복면산을 해결하는 방법 중 하나로 곱의 일의 자리 숫자를 찾습니다.

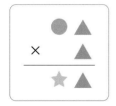

▲이 될 수 있는 숫자

➡ 0, 1, 5, 6

◆이 될 수 있는 숫자

➡ 2, 3, 4, 7, 8, 9

6. 도형이 나타내는 수

대표 문제

오른쪽과 아래쪽에 있는 수는 각 줄의 모양이 나타내는 세 수의 합입니다. ▨ 안에 들어갈 수를 써넣으시오. (단, 같은 모양은 같은 수를, 다른 모양은 다른 수를 나타냅니다.)

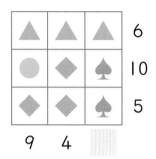

> **STEP 1** ▲＋▲＋▲＝6을 이용하여 ▲이 나타내는 수를 구하시오.

> **STEP 2** ▲＋◆＋◆＝4를 이용하여 ◆이 나타내는 수를 구하시오.

> **STEP 3** ◆＋◆＋♠＝5를 이용하여 ♠이 나타내는 수를 구하시오.

> **STEP 4** ▲＋♣＋♠을 구하여 ▨ 안에 들어갈 수를 써넣으시오.

01 오른쪽과 아래쪽의 수는 각 줄의 모양이 나타내는 수들의 합입니다. ⬜ 안에 알맞은 수를 써넣으시오. (단, 같은 모양은 같은 수를, 다른 모양은 다른 수를 나타냅니다.)

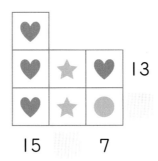

02 그림에서 ⬜ 안의 수는 각 줄의 알파벳이 나타내는 두 수의 곱입니다. A, B, C가 나타내는 수를 각각 구하시오. (단, 같은 알파벳은 같은 수를, 다른 알파벳은 다른 수를 나타냅니다.)

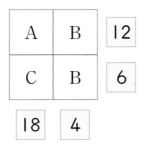

Lecture ··· 도형이 나타내는 수

오른쪽과 아래쪽에 있는 수는 각 줄의 모양이 나타내는 수들의 합이고, 같은 모양은 같은 수를, 다른 모양은 다른 수를 나타냅니다.

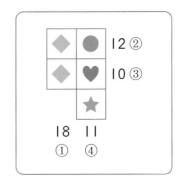

① ◆＋◆＝18 ➡ ◆＝9

② ◆＋●＝12 ➡ ●＝3

③ ◆＋♥＝10 ➡ ♥＝1

④ ●＋♥＋★＝11 ➡ ★＝7

01 다음 식에서 각각의 모양이 나타내는 숫자를 구하시오. (단, 같은 모양은 같은 숫자를, 다른 모양은 다른 숫자를 나타냅니다.)

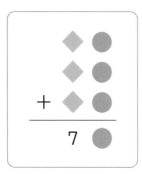

02 다음 |조건|을 만족하는 두 자리 수를 구하시오.

| 조건 |

• 십의 자리 숫자는 일의 자리 숫자보다 2 큽니다.

• 십의 자리 숫자와 일의 자리 숫자를 바꾼 수와 원래 수를 더하면 110이 됩니다.

Key Point

```
    ㉮ ㉯
+  ㉯ ㉮
─────────
  1  1  0
```

03 위쪽과 오른쪽에 있는 수는 각 줄의 모양이 나타내는 네 수의 합입니다. A＋B의 값을 구하시오. (단, 같은 모양은 같은 수를, 다른 모양은 다른 수를 나타냅니다.)

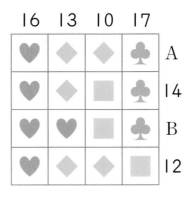

04 다음 곱셈식에서 ■ 칸에 들어갈 숫자를 구하시오. (단, 같은 색의 칸은 같은 숫자를, 다른 색의 칸은 다른 숫자를 나타냅니다.)

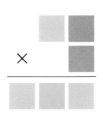

05 다음 곱셈식에서 A, B, C, D, E가 I부터 5까지의 서로 다른 숫자를 나타낼 때, 두 자리 수 DE가 나타내는 수를 구하시오.

$$
\begin{array}{r}
A \ B \\
\times \qquad C \\
\hline
D \ E
\end{array}
$$

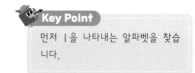

Key Point
먼저 I을 나타내는 알파벳을 찾습니다.

06 오른쪽에 있는 수는 각 줄의 모양이 나타내는 세 수의 곱이고, 아래쪽에 있는 수는 각 줄의 모양이 나타내는 두 수의 합입니다. ▲, ◆, ●이 나타내는 수를 각각 구하시오. (단, 같은 모양은 같은 수를, 다른 모양은 다른 수를 나타냅니다.)

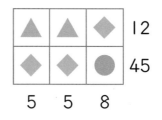

07 다음 식에서 ★＋●＋♥＋▲의 값을 구하시오. (단, 같은 모양은 같은 수를, 다른 모양은 다른 수를 나타냅니다.)

$$★＋★＝●$$
$$●＋●＝♥$$
$$●＋★＝▲$$
$$●×●＝●＋●$$

08 다음 덧셈식에서 $A×B×C$의 값을 구하시오. (단, 같은 알파벳은 같은 숫자를, 다른 알파벳은 다른 숫자를 나타냅니다.)

$$
\begin{array}{ccc}
 & A & B & C \\
 & A & B & C \\
+ & A & B & C \\
\hline
 & B & B & B \\
\end{array}
$$

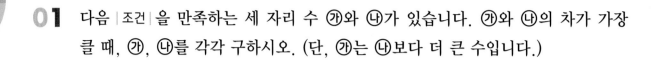

* Perfect 경시대회 *

01 다음 |조건|을 만족하는 세 자리 수 ㉮와 ㉯가 있습니다. ㉮와 ㉯의 차가 가장 클 때, ㉮, ㉯를 각각 구하시오. (단, ㉮는 ㉯보다 더 큰 수입니다.)

┌ 조건 ┐
- ㉮와 ㉯는 각 자리 수의 합이 8인 세 자리 수입니다.
- ㉮와 ㉯를 이루는 6개의 수는 모두 서로 다른 수입니다.

02 다음 식에서 C가 나타내는 수를 구하시오. (단, 같은 알파벳은 같은 숫자를, 다른 알파벳은 다른 숫자를 나타냅니다.)

$$A \; B \times C + A \; B = A \; B \; 0$$

Key Point
- 두 자리 수 AB에 C를 곱한 것은 AB를 C번 더한 것과 같습니다.
- ABO = AB × 10

› 정답과 풀이 12쪽

03 0부터 9까지의 수 중 6개를 사용하여 2개의 세 자리 수를 만들려고 합니다. 만든 두 수의 차가 가장 작은 경우는 모두 몇 가지인지 구하시오.

04 안에 알맞은 수를 써넣어 식을 완성해 보시오. (단, 같은 알파벳은 같은 숫자를, 다른 알파벳은 다른 숫자를 나타냅니다.)

$$
\begin{array}{r}
A\ B \\
\times\ B\ A \\
\hline
4 \\
4 \\
\hline
4\ 4
\end{array}
$$

✳ Challenge 영재교육원 ✳

01 주어진 숫자 카드 중 5장을 사용하여 (두 자리 수) × (한 자리 수) = (두 자리 수)의 곱셈식을 만들려고 합니다. 만들 수 있는 방법을 모두 찾아 식을 완성해 보시오.

방법1

$$\begin{array}{r} \square\square \\ \times \quad \square \\ \hline \square\square \end{array}$$

방법2

$$\begin{array}{r} \square\square \\ \times \quad \square \\ \hline \square\square \end{array}$$

방법3

$$\begin{array}{r} \square\square \\ \times \quad \square \\ \hline \square\square \end{array}$$

방법4

$$\begin{array}{r} \square\square \\ \times \quad \square \\ \hline \square\square \end{array}$$

02 다음과 같이 주어진 낱말의 뜻이 자연스럽게 연결되고 식도 올바른 경우를 이중 복면산이라고 합니다. 새로운 이중 복면산을 만들어 보시오.

$$
\begin{array}{r}
친\ 구 \\
친\ 구 \\
+\ 친\ 구 \\
\hline
세\ 친\ 구
\end{array}
\ \Rightarrow\
\begin{array}{l}
친=5 \\
구=0 \\
세=1
\end{array}
\ \Rightarrow\
\begin{array}{r}
5\ 0 \\
5\ 0 \\
+\ 5\ 0 \\
\hline
1\ 5\ 0
\end{array}
$$

II

공간

✓ 학습 Planner

계획한 대로 공부한 날은 😊 에, 공부하지 못한 날은 😟 에 ○표 하세요.

공부할 내용	공부할 날짜		확 인	
1 도형 겹치기	월	일	😊	😟
2 특이한 모양의 위, 앞, 옆	월	일	😊	😟
3 주사위의 맞닿은 면	월	일	😊	😟
Creative 팩토	월	일	😊	😟
4 색종이 자르기	월	일	😊	😟
5 쌓기나무의 위, 앞, 옆	월	일	😊	😟
6 목표수 접기	월	일	😊	😟
Creative 팩토	월	일	😊	😟
Perfect 경시대회	월	일	😊	😟
Challenge 영재교육원	월	일	😊	😟

1. 도형 겹치기

주어진 사각형과 원을 여러 방향으로 돌려 가며 서로 겹쳤을 때, 겹쳐진 부분의 모양이 될 수 <u>없는</u> 것을 찾아 기호를 써 보시오. 온라인 활동지

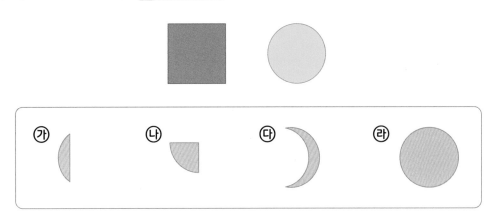

> STEP 1 사각형과 원이 겹쳐진 부분인 ㉮, ㉯의 모양을 사각형 안에 그려 보시오.

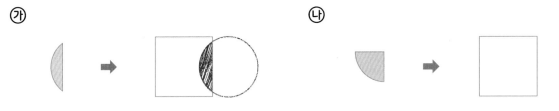

> STEP 2 사각형과 원이 겹쳐진 부분인 ㉰, ㉱의 모양을 사각형 안에 그려 보시오.

> STEP 3 STEP 1, STEP 2 를 보고, 원과 사각형을 서로 겹쳤을 때 겹쳐진 부분의 모양이 될 수 <u>없는</u> 것을 찾아 기호를 써 보시오.

▶ 정답과 풀이 **14**쪽

01 크기가 같은 사각형 2개를 여러 방향으로 돌려 가며 서로 겹쳤을 때, 겹쳐진 부분의 모양이 될 수 <u>없는</u> 것을 찾아 기호를 써 보시오. 📇온라인 활동지

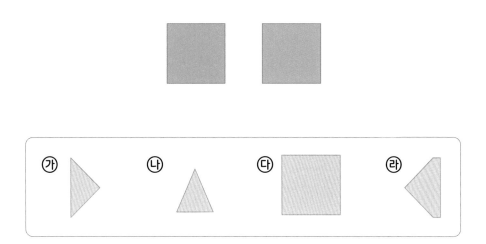

02 2개의 도형을 겹쳐서 오른쪽과 같은 모양을 만들었습니다. 겹친 도형 2개를 찾아 기호를 써 보시오. 📇온라인 활동지

겹친 모양

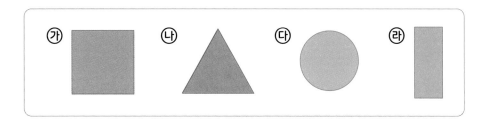

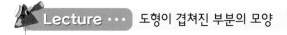

Lecture ··· 도형이 겹쳐진 부분의 모양

도형이 겹쳐진 부분의 모양은 아래에 놓여 있는 도형의 가려진 부분과 같습니다.

2. 특이한 모양의 위, 앞, 옆

대표 문제

다음 모양을 보고 위, 앞, 옆에서 본 모양을 각각 그려 보시오.

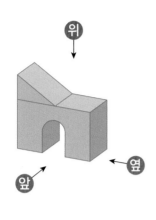

위에서 본 모양	앞에서 본 모양	옆에서 본 모양

STEP 1 다음 모양의 위, 앞, 옆에서 보이는 면에 색칠해 보시오.

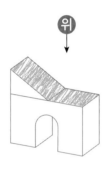
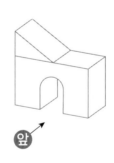
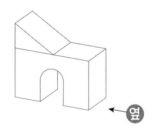

STEP 2 STEP1에서 색칠한 면을 보고 위, 앞, 옆에서 본 모양을 알맞게 그려 보시오.

위에서 본 모양   앞에서 본 모양   옆에서 본 모양

01 다음 중 앞에서 본 모양이 같은 것 2개를 찾아 기호를 써 보시오.

Ⅱ. 공간

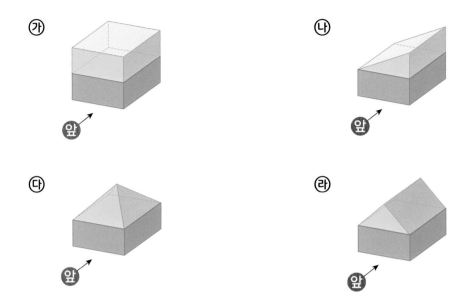

Lecture ··· 특이한 모양의 위, 앞, 옆

다음 모양을 위, 앞, 옆에서 본 모양은 다음과 같습니다.

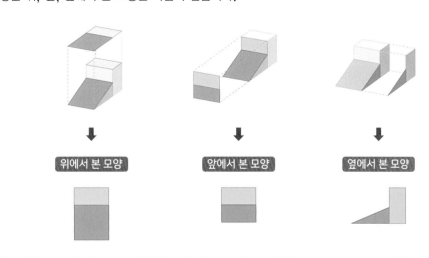

위에서 본 모양 앞에서 본 모양 옆에서 본 모양

3. 주사위의 맞닿은 면

대표 문제

주어진 주사위를 맞닿은 두 면의 눈의 수의 합이 6이 되도록 이어 붙였을 때, 분홍색으로 칠한 면의 눈의 수를 구해 보시오. (단, 주사위의 마주 보는 두 면의 눈의 수의 합은 7입니다.)

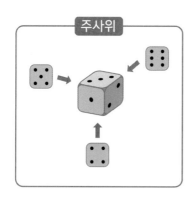

주사위

STEP 1 주사위의 7점 원리와 맞닿은 두 면의 눈의 수의 합이 6인 것을 이용하여 ▨ 안에 알맞은 눈의 수를 써 보시오.

STEP 2 주사위의 7점 원리를 이용하여 ▨ 안에 알맞은 주사위의 눈의 수를 써 보시오.

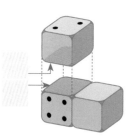

굴리기

STEP 3 STEP 2에서 찾은 주사위의 눈을 이용하여 ▨ 안에 알맞은 주사위의 눈의 수를 써 보시오.

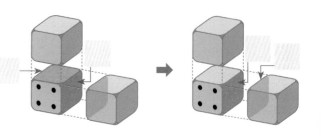

STEP 4 STEP 3에서 찾은 주사위의 눈을 이용하여 분홍색으로 칠한 면의 눈의 수를 구해 보시오.

01 맞닿은 두 면의 눈의 수의 합이 8인 주사위 4개를 붙여 만든 오른쪽 모양을 보고, 바닥면을 포함하여 겹쳐져서 보이지 <u>않는</u> 면의 눈의 수의 합을 구해 보시오. (단, 주사위의 마주 보는 두 면의 눈의 수의 합은 7입니다.)

02 주어진 주사위를 맞닿은 두 면의 눈의 수의 합이 7이 되도록 이어 붙였을 때, 분홍색으로 칠한 면의 눈의 수를 구해 보시오. (단, 주사위의 마주 보는 두 면의 눈의 수의 합은 7입니다.)

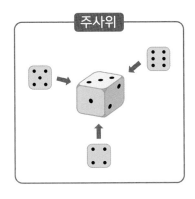

Lecture ··· 주사위의 맞닿은 면

• 주사위의 7점 원리: 주사위의 마주 보는 두 면의 눈의 수의 합은 항상 7입니다.

• 주사위의 7점 원리를 이용하여 가장 아래에 있는 주사위의 바닥면의 눈의 수를 구할 수 있습니다.

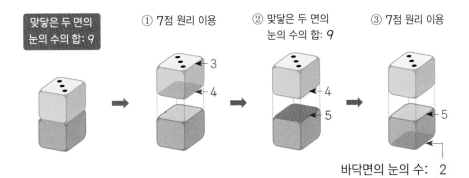

*Creative 팩토 *

01 크기가 같은 2개의 사각형을 여러 방향으로 돌려 가며 서로 겹쳤을 때, 겹쳐진 부분의 모양이 될 수 <u>없는</u> 것을 찾아 기호를 써 보시오. 🖨 온라인 활동지

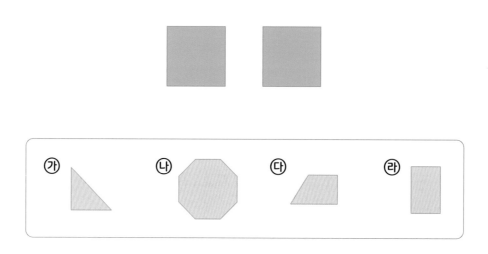

02 주어진 주사위를 맞닿은 두 면의 눈의 수가 같도록 이어 붙였을 때, 분홍색으로 칠한 면의 눈의 수를 구해 보시오. (단, 주사위의 마주 보는 두 면의 눈의 수의 합은 7입니다.)

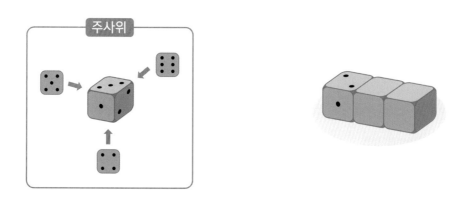

> 정답과 풀이 17쪽

03 주사위 2개를 붙여 만든 모양을 보고, 바닥면을 포함하여 겹쳐져서 보이지 <u>않는</u> 면의 눈의 수의 합이 가장 작을 때의 값을 구해 보시오. (단, 주사위의 마주 보는 두 면의 눈의 수의 합은 7입니다.)

04 그림과 같은 우유팩을 위, 앞, 옆에서 본 모양을 각각 그려 보시오.

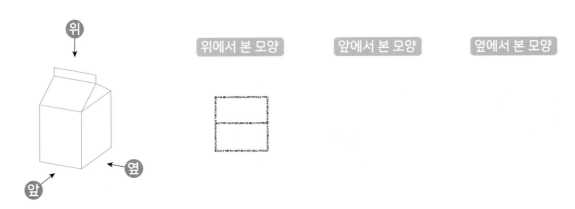

05 다음 삼각형과 사각형을 여러 방향으로 돌려 가며 서로 겹쳤을 때, 겹쳐진 부분의 모양이 될 수 있는 것을 모두 찾아 기호를 써 보시오. 🖨 온라인 활동지

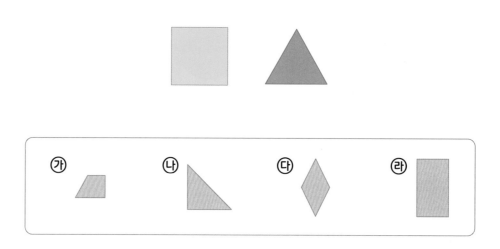

06 다음과 같이 이어 붙인 주사위의 바닥면의 눈의 수의 합이 8일 때, 분홍색으로 칠한 면에 그려진 눈의 수를 구해 보시오. (단, 주사위의 마주 보는 두 면의 눈의 수의 합은 7입니다.)

07 다음 모양을 보고 위, 앞, 옆에서 본 모양으로 옳은 것을 찾아 ○표 하시오.

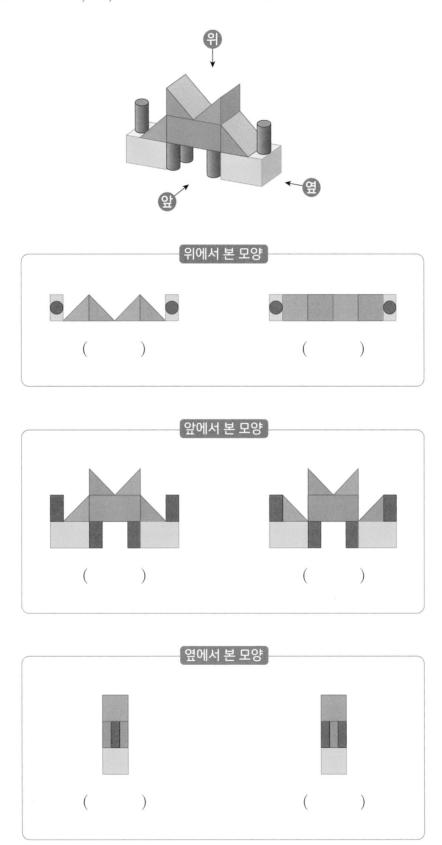

4. 색종이 자르기

대표 문제

다음과 같이 색종이를 접어 검은색 선을 따라 자른 후 펼쳤을 때 나오는 삼각형과 사각형은 각각 몇 개인지 구해 보시오. 📠 온라인 활동지

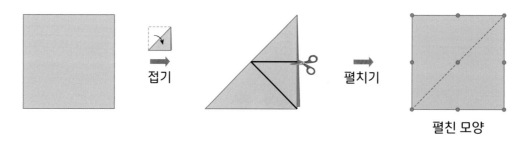

접기 → 펼치기 → 펼친 모양

> **STEP 1** 펼친 모양에 잘려진 선을 모두 그려 보시오.

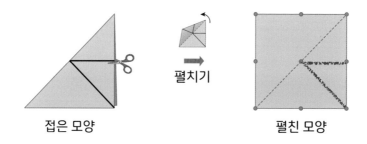

접은 모양　　펼치기　　펼친 모양

> **STEP 2** STEP 1에서 선을 따라 색종이를 자른 후 펼쳤을 때 나오는 삼각형과 사각형은 각각 몇 개입니까?

정답과 풀이 **19**쪽

01 다음과 같이 색종이를 접어 검은색 선을 따라 자른 후 펼쳤을 때 나오는 삼각형과
사각형은 각각 몇 개인지 구해 보시오. 온라인 활동지

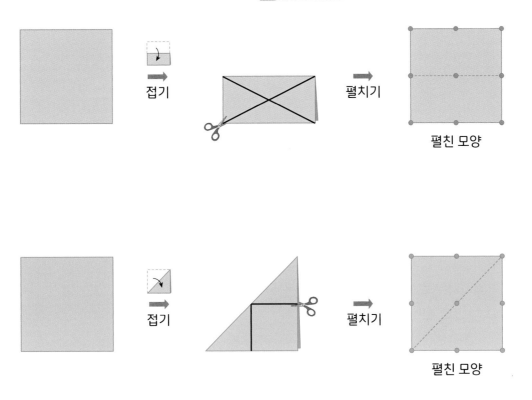

Lecture · · · 색종이 자르기

펼친 모양의 그림에 잘린 선을 모두 그리면 펼쳤을 때 나오는 도형의 개수를 알 수 있습니다.

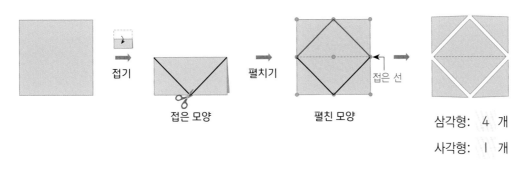

삼각형: 4 개

사각형: 1 개

5. 쌓기나무의 위, 앞, 옆

다음은 쌓기나무로 쌓은 모양을 위에서 본 모양에 각 자리에 쌓여 있는 쌓기나무의 개수를 나타낸 것입니다. 옆에서 본 모양을 그려 보시오.

위에서 본 모양

2	3	
1	2	1
1		

←옆 ➡

옆에서 본 모양

▶ **STEP 1** 다음은 쌓기나무로 쌓은 모양을 위에서 본 모양입니다. 각 자리에 쌓여 있는 쌓기나무의 개수를 보고 쌓은 모양을 찾아 기호를 써 보시오.

위에서 본 모양

2	3	
1	2	1
1		

←옆 ➡

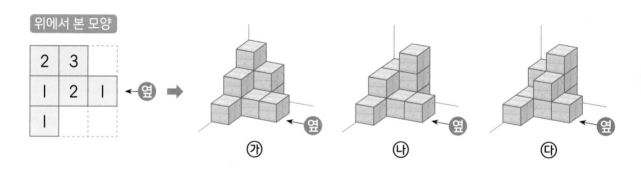

㉮　　　　㉯　　　　㉰

▶ **STEP 2** **STEP 1**에서 찾은 모양을 보고 옆에서 본 모양을 그려 보시오.

옆에서 본 모양

➤ 정답과 풀이 **20**쪽

01 다음은 쌓기나무로 쌓은 모양을 위에서 본 모양에 각 자리에 쌓여 있는 쌓기나무의 개수를 나타낸 것입니다. 쌓은 모양을 찾아 ○표 하고, 앞에서 본 모양을 그려 보시오.

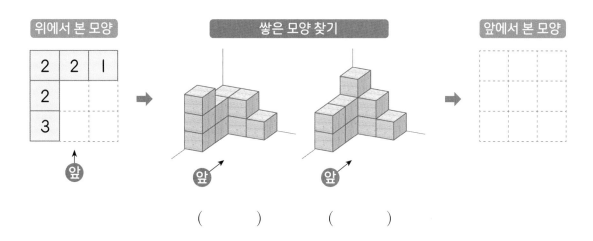

(   )   (   )

Lecture ⋯   쌓기나무의 위, 앞, 옆

• 주어진 방향에서 보이는 쌓기나무의 모양을 알아봅니다.

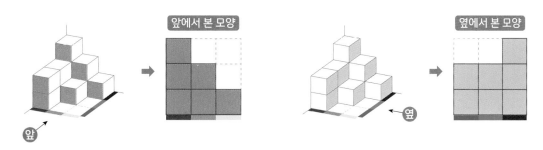

• 위에서 본 모양과 각 자리에 쌓인 쌓기나무의 개수로 쌓기나무의 쌓은 모양을 나타낼 수 있습니다.

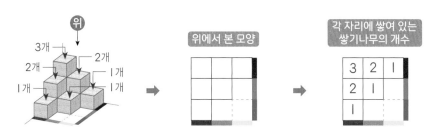

6. 목표수 접기

> **대표 문제**

다음 종이를 숫자 '5'가 가장 위에 올라오도록 선을 따라 접은 후, 검은색 부분을 자르고 펼쳤습니다. 펼친 모양에 잘려진 부분을 색칠해 보시오. (단, 종이 뒷면에는 아무것도 쓰여 있지 않습니다.) 📰 온라인 활동지

펼친 모양

> **STEP 1** 1번 펼친 모양에 잘려진 부분을 색칠해 보시오.

> **STEP 2** 2번 펼친 모양에 잘려진 부분을 색칠해 보시오.

> **STEP 3** 3번 펼친 모양에 잘려진 부분을 색칠해 보시오.

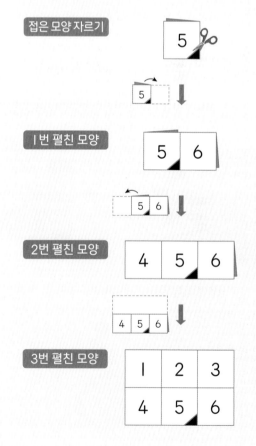

01 다음 종이를 숫자 'l'이 가장 위에 올라오도록 선을 따라 접은 후, 검은색 부분을 자르고 펼쳤습니다. 펼친 모양에 잘려진 부분을 색칠해 보시오. (단, 종이 뒷면에는 아무것도 쓰여 있지 않습니다.) 📧 온라인 활동지

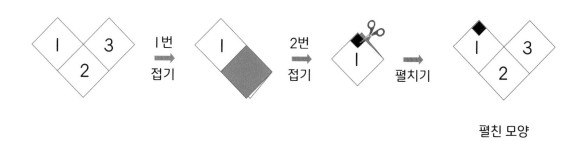

펼친 모양

02 다음 종이를 글자 'C'가 가장 위에 올라오도록 선을 따라 접은 후, 검은색 부분을 자르고 펼쳤습니다. 펼친 모양에 잘려진 부분을 색칠해 보시오. (단, 종이 뒷면에는 아무것도 쓰여 있지 않습니다.) 📧 온라인 활동지

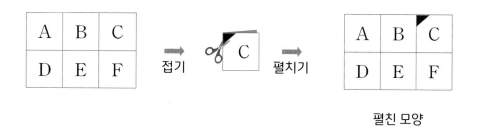

펼친 모양

Lecture · · · 목표수 접기

접은 순서와 반대로 색종이를 펼치면서 접은 선의 양쪽에 같은 모양을 그리면 펼친 모양을 알 수 있습니다.
(단, 종이 뒷면에는 아무것도 쓰여 있지 않습니다.)

Creative 팩토

01 다음과 같이 색종이를 접어 검은색 선을 따라 자른 후 펼쳤을 때 나오는 삼각형과 사각형의 개수의 합을 구해 보시오. 온라인 활동지

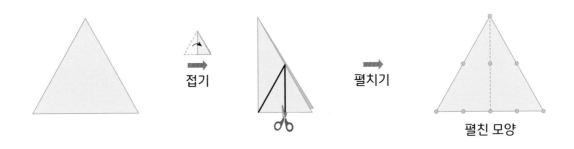

02 다음은 쌓기나무로 쌓은 모양을 위에서 본 모양에 각 자리에 쌓여 있는 쌓기나무의 개수를 나타낸 것입니다. 쌓은 모양을 찾아 ○표 하고, 앞에서 본 모양을 그려 보시오.

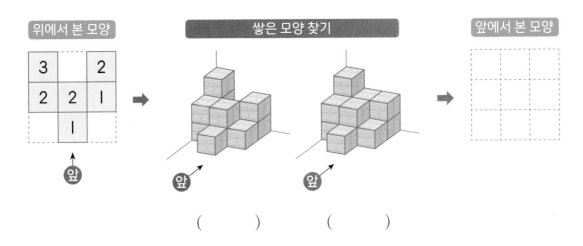

03 다음과 같이 색종이를 접어 검은색 선을 따라 자른 후 펼쳤을 때 나오는 모양을
찾아 기호를 써 보시오. 🖥온라인 활동지

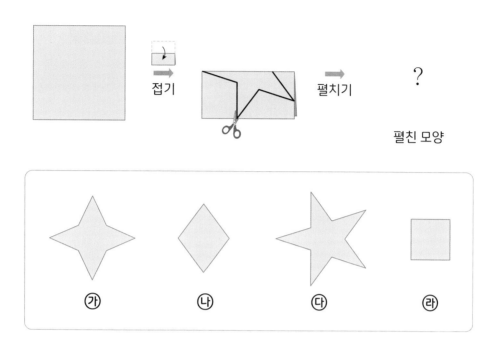

04 다음 종이를 ♥ 모양이 가장 위에 올라오도록 선을 따라 접은 후, 검은색 부분을
자르고 펼쳤습니다. 펼친 모양에 잘려진 부분을 색칠해 보시오. (단, 종이 뒷면에는
아무것도 쓰여 있지 않습니다.) 🖥온라인 활동지

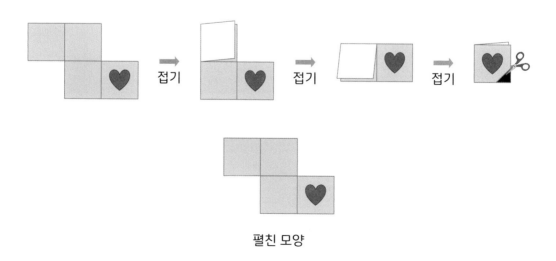

05 다음은 쌓기나무로 쌓은 모양을 위에서 본 모양에 각 자리에 쌓여 있는 쌓기나무의 개수를 나타낸 것입니다. 앞에서 본 모양을 그려 보시오.

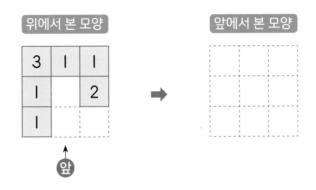

06 다음과 같이 색종이를 접어 검은색 선을 따라 자른 후 펼쳤을 때 나오는 삼각형은 사각형보다 몇 개 더 많은지 구해 보시오. 📠온라인 활동지

07 오른쪽은 쌓기나무로 쌓은 모양을 위에서 본 모양에 각 자리에 쌓여 있는 쌓기나무의 개수를 나타낸 것입니다. 옆에서 본 모양을 찾아 기호를 써 보시오.

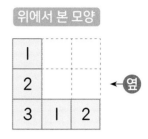

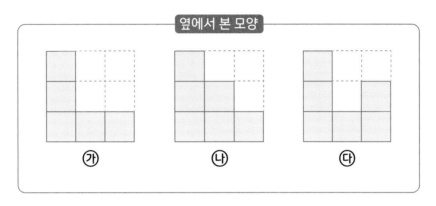

08 다음 종이를 분홍색이 가장 위에 올라오도록 선을 따라 접고, 자른 다음 펼쳤습니다. 펼친 모양의 일부분이 오른쪽과 같이 잘려져 있을 때, 접은 모양에 자른 부분을 색칠해 보시오.
(단, 종이 뒷면에는 아무것도 쓰여 있지 않습니다.)

펼친 모양의 일부분

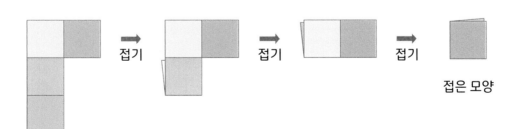

* Perfect 경시대회 *

01 다음과 같이 색종이를 2번 접어 검은색 선을 따라 자른 후 펼쳤을 때 나오는 삼각형과 사각형은 각각 몇 개인지 구해 보시오.

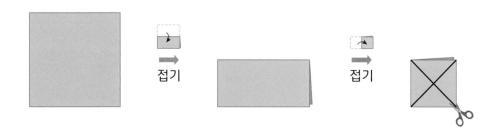

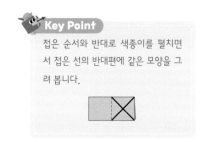
02 다음 중 위, 앞, 옆에서 본 모양이 같지 <u>않은</u> 것을 찾아 기호를 써 보시오.

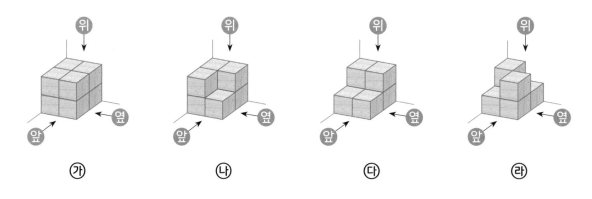

▶정답과 풀이 **24**쪽

03 다음 그림에서 주사위를 색칠된 면을 따라 밀지 않고 굴려서 ㉮까지 왔을 때, 주사위의 윗면에 보이는 눈의 수를 구해 보시오. (단, 주사위의 마주 보는 두 면의 눈의 수의 합은 7입니다.)

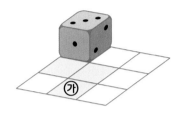

04 다음은 쌓기나무로 쌓은 모양을 위, 앞, 옆에서 본 모양입니다. 쌓은 모양에 사용된 쌓기나무는 몇 개인지 구해 보시오.

✳ Challenge 영재교육원 ✳

01 투명한 눈금 종이에 다음과 같은 그림이 그려져 있습니다. 물음에 답해 보시오.
(단, 결승선에 가까울수록 더 빨리 도착합니다.)

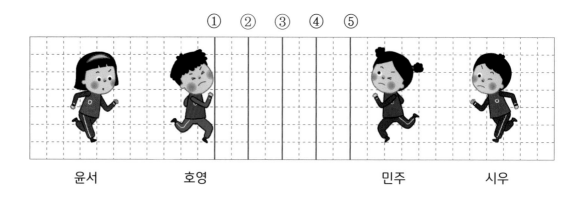

(1) ①번이 결승선일 때 도착하는 순서대로 이름을 써보시오.

(2) 호영이가 2등이 되려면 결승선이 몇 번이어야 합니까?

(3) 윤서가 3등일 때, 1등인 사람은 누구입니까?

02 투명한 쌓기나무 12개를 그림과 같이 쌓았습니다. 그중 몇 개를 색깔이 있는 쌓기나무로 바꾸어 넣었을 때, 위와 앞에서 본 모양을 보고 옆에서 본 모양을 그려 보시오.

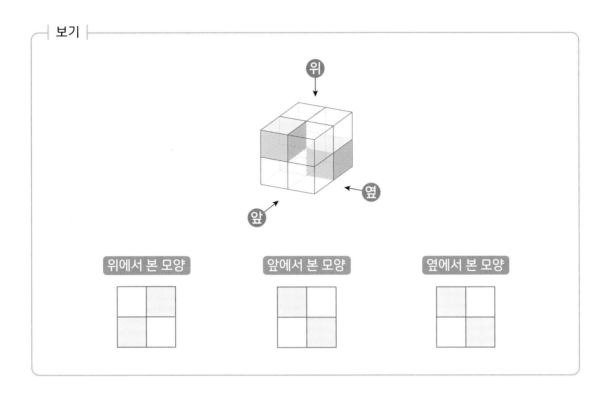

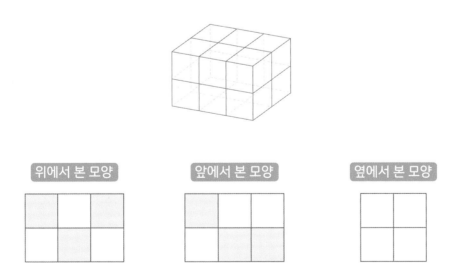

III

논리추론

학습 Planner

계획한 대로 공부한 날은 에, 공부하지 못한 날은 😣 에 ◯표 하세요.

공부할 내용	공부할 날짜		확 인	
1　길의 가짓수	월	일	😃	😣
2　진실과 거짓	월	일	😃	😣
3　순서도 해석하기	월	일	😃	😣
Creative 팩토	월	일	😃	😣
4　배치하기	월	일	😃	😣
5　프로그래밍	월	일	😃	😣
6　연역표	월	일	😃	😣
Creative 팩토	월	일	😃	😣
Perfect 경시대회	월	일	😃	😣
Challenge 영재교육원	월	일	😃	😣

1. 길의 가짓수

대표 문제

출발 에서 도착 까지 가는 가장 짧은 길의 가짓수를 구해 보시오.

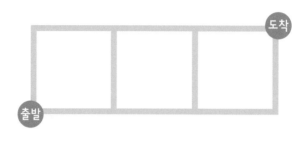

> **STEP 1** 출발 에서 ▨ 까지 가는 가장 짧은 길의
> 가짓수를 ▨ 안에 각각 써넣으시오.

> **STEP 2** 출발 에서 ▨ 까지 가는 가장 짧은 길의
> 가짓수를 ▨ 안에 각각 써넣으시오.

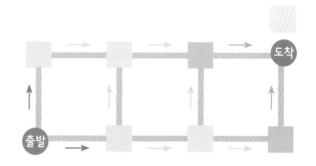

> **STEP 3** 출발 에서 ▨ 까지 가는 가장 짧은 길의
> 가짓수를 ▨ 안에 각각 써넣으시오.

> **STEP 4** 출발 에서 도착 까지 가는 가장 짧은 길의
> 가짓수를 ▨ 안에 써넣으시오.

▶ 정답과 풀이 **26쪽**

01 **출발**에서 **도착**까지 가는 가장 짧은 길의 가짓수를 구해 보시오.

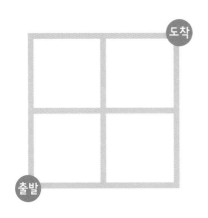

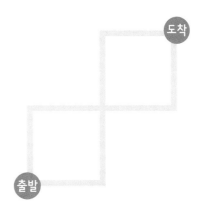

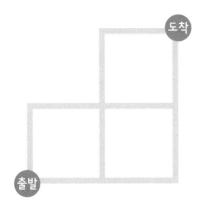

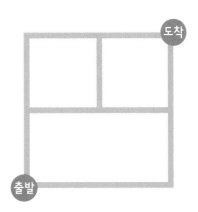

Lecture ··· 길의 가짓수

출발에서 갈림길에 이르는 가장 짧은 길의 가짓수를 구해 더해 나갑니다.

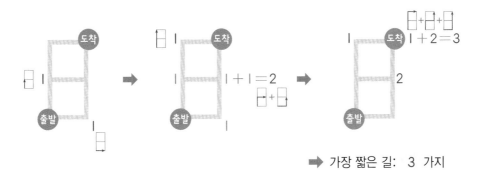

➡ 가장 짧은 길: 3 가지

2. 진실과 거짓

대표 문제

3명의 친구 중 1명만 진실을 이야기하고 나머지 2명은 거짓을 이야기했습니다. 컵을 깨뜨린 범인은 1명일 때, 범인을 찾아보시오.

> 지아는 컵을 깨뜨리지 않았어.
> 정우

> 나는 컵을 깨뜨리지 않았어.
> 현호

> 현호가 컵을 깨뜨렸어.
> 지아

STEP 1 만약 정우의 말이 진실이라면 범인을 찾을 수 있는지 알아보시오.

지아는 컵을

깨뜨리지 않았다.

현호는 컵을

깨뜨렸다.

현호는 컵을

깨뜨리지 않았다.

➡ 현호와 지아가 말한 것은 서로 맞지 않으므로 정우의 말은 (진실 , 거짓)입니다.

STEP 2 만약 현호의 말이 진실이라면 범인을 찾을 수 있는지 알아보시오.

지아는 컵을

현호는 컵을

현호는 컵을

STEP 3 만약 지아의 말이 진실이라면 범인을 찾을 수 있는지 알아보시오.

지아는 컵을

현호는 컵을

현호는 컵을

➡ 컵을 깨뜨린 범인은 2명이므로 지아의 말은 (진실 , 거짓)입니다.

STEP 4 STEP 2를 이용하여 범인을 찾아보시오.

> 정답과 풀이 **27쪽**

01 3명의 친구 중 1명만 진실을 이야기하고 나머지 2명은 거짓을 이야기했습니다. 휴지를 버린 범인은 1명일 때, 범인을 찾아보시오.

> **주아**: 나는 휴지를 버리지 않았어.
>
> **현서**: 시우는 휴지를 버리지 않았어.
>
> **시우**: 주아는 휴지를 버리지 않았어.

주아의 말이 진실인 경우	현서의 말이 진실인 경우	시우의 말이 진실인 경우
주아: 주아는 범인이 아니다. 현서: 시우는 범인이다. ⎱ 범인은 1명 이므로 맞지 않다. 시우: 주아는 범인이다.		

Lecture ··· 진실과 거짓

친구들의 대화의 진실과 거짓을 보고, 게임기를 망가뜨린 범인 1명을 찾을 수 있습니다.

거짓
유미는 게임기를 망가뜨리지 않았어.

준수

거짓이므로 유미가 망가뜨렸다.

진실
나는 누가 게임기를 망가뜨렸는지 알아.

건우

진실이므로 누가 망가뜨렸는지 안다.

거짓
건우가 게임기를 망가뜨렸어.

유미

거짓이므로 건우는 망가뜨리지 않았다.

➡ 게임기를 망가뜨린 사람은 **유미** 입니다.

대표 문제

순서도에서 출력되는 값을 구해 보시오.

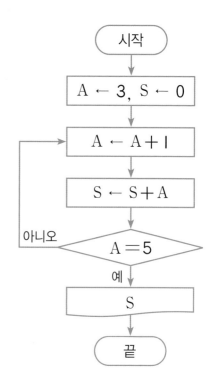

> **STEP 1** A, S의 값을 각각 구하여 ☐ 안에 쓰고, '예' 또는 '아니오'인지 판단해 보시오.

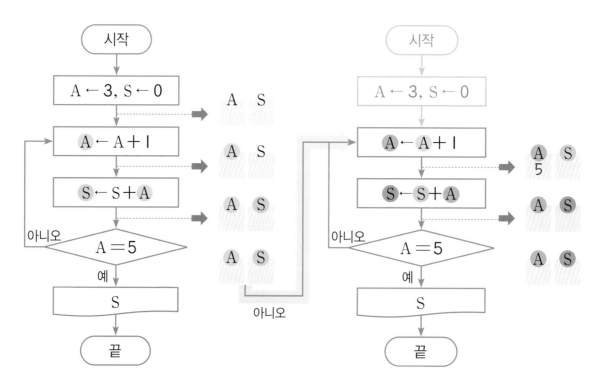

> **STEP 2** 순서도에서 출력되는 값을 구해 보시오.

01 순서도에서 출력되는 S의 값을 구해 보시오.

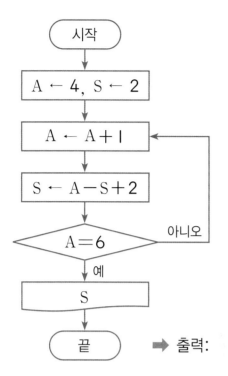

출력:

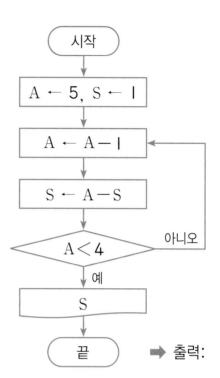

출력:

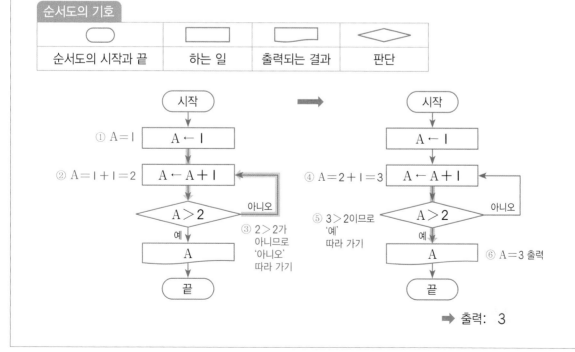

Lecture ··· 순서도 해석하기

순서도의 기호			
순서도의 시작과 끝	하는 일	출력되는 결과	판단

01 집에서 도서관까지 가는 가장 짧은 길을 모두 그려 보시오.

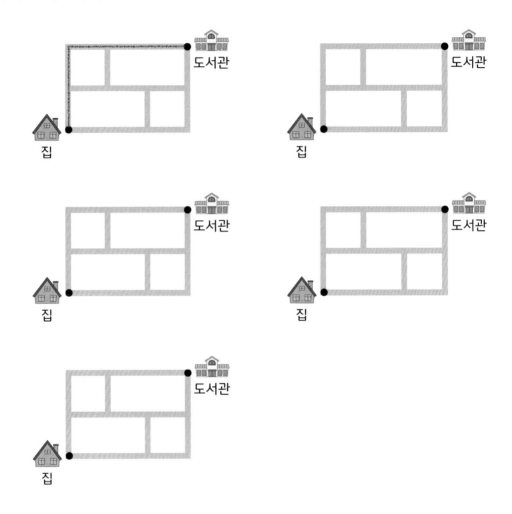

02 3명의 친구 중 l명만 진실을 이야기하고 나머지 2명은 거짓을 이야기했습니다. 꽃을 꺾은 범인은 l명일 때, 범인을 찾아보시오.

지호가 꽃을 꺾었어. 정은

아니야, 내가 꽃을 꺾었어. 태우

맞아, 태우가 꽃을 꺾었어. 지호

▶ 정답과 풀이 29쪽

03 순서도에서 출력되는 값을 구해 보시오.

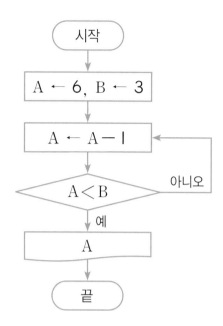

04 각 칸의 거리가 일정한 도로입니다. 민지네 집에서 병원까지 가는 가장 짧은 길의 가짓수와 민지네 집에서 학교까지 가는 가장 짧은 길의 가짓수를 각각 구해 보시오.

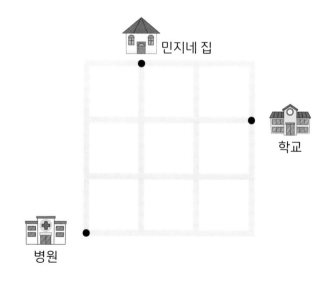

05 3명의 친구 중 1명만 진실을 이야기하고 나머지 2명은 거짓을 이야기했습니다. 동화책을 찢은 범인은 1명일 때, 범인을 찾아보시오.

- **서연**: 나는 동화책을 찢지 않았어.
- **민수**: 응. 서연이의 말은 진실이야.
- **나영**: 민수는 동화책을 찢지 않았어.

06 순서도에서 출력되는 값을 구해 보시오.

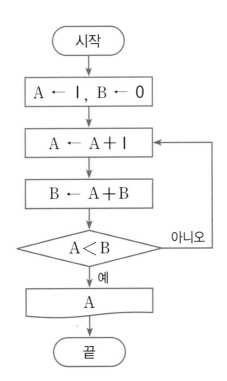

07 윤아는 아린이에게 가려고 합니다. 가장 짧은 길의 가짓수를 구해 보시오.

08 순서도에서 출력되는 말을 써 보시오.

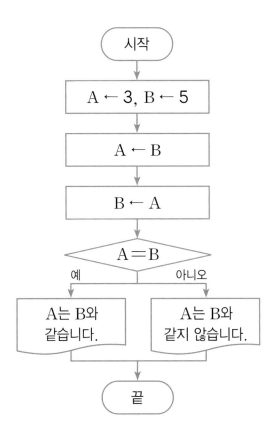

4. 배치하기

대표 문제

길을 사이에 두고 은행, 서점, 백화점, 병원, 옷가게, 공원이 있습니다. 각각의 위치를 찾아 써넣으시오.

- 은행과 서점은 가장 멀리 떨어져 있습니다.
- 은행의 남쪽에는 백화점이 있습니다.
- 병원의 동쪽에는 서점이 있습니다.
- 옷가게의 서쪽에는 공원이 있습니다.

STEP 1 주어진 문장을 보고, 2가지 경우로 나누어 서점, 병원, 약국의 위치를 찾아 써넣으시오.

- 은행과 서점은 가장 멀리 떨어져 있습니다.
- 은행의 남쪽에는 백화점이 있습니다.

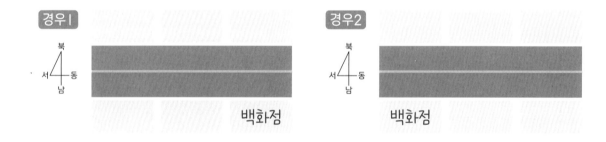

경우1
백화점

경우2
백화점

STEP 2 주어진 문장을 보고 **STEP 1**의 그림에 병원의 위치를 찾아 써넣고 알맞은 말에 ○표 하시오.

- 병원의 동쪽에는 서점이 있습니다.

➡ 병원의 동쪽에 서점이 있어야 하므로 (경우1 , 경우2)이(가) 맞습니다.

STEP 3 주어진 문장을 보고 **STEP 1**의 그림에 옷가게와 공원의 위치를 써넣으시오.

- 옷가게의 서쪽에는 공원이 있습니다.

01 다음과 같은 5칸의 우리 안에 토끼, 돼지, 고양이, 양, 여우가 각각 들어가 있습니다. 동물들의 대화를 보고 각각의 동물이 들어가 있는 우리를 찾아 이름을 써넣으시오.

- **여우**: 나는 가장 남쪽 우리에 있어!
- **고양이**: 내 서쪽에는 토끼가 살아.
- **양**: 내 우리보다 남쪽에 있는 동물들은 서로 친해.
- **돼지**: 난 여우의 북동쪽에 살고 있어!

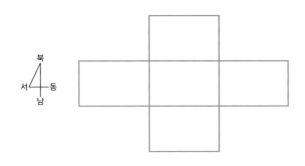

방향을 나타낼 때 동, 서, 남, 북으로 표현할 수 있습니다.

병원. 공원 위치 찾기

- 우리집의 동쪽에는 병원이 있습니다.
- 우리집의 북동쪽에는 공원이 있습니다.

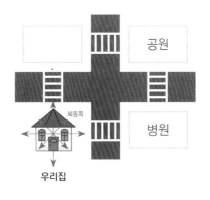

대표 문제

로봇이 장애물(⊗)을 피해 깃발에 도착하도록 순서도를 완성해 보시오. (단, 빈칸에는 한 가지 명령만 쓸 수 있습니다.)

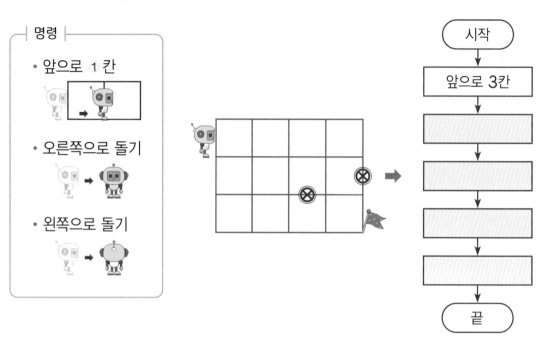

⟩ **STEP 1** 로봇이 장애물을 피해 깃발에 도착하는 길을 그려 보시오.

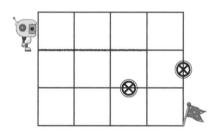

⟩ **STEP 2** STEP 1에서 움직인 길을 보고 순서도를 완성해 보시오.

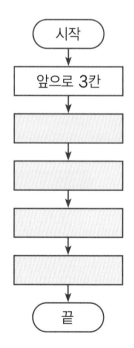

❯ 정답과 풀이 32쪽

01 로봇이 장애물(⊗)을 피해 깃발에 도착하도록 순서도를 완성해 보시오. (단, 빈칸에는 한 가지 명령만 쓸 수 있습니다.)

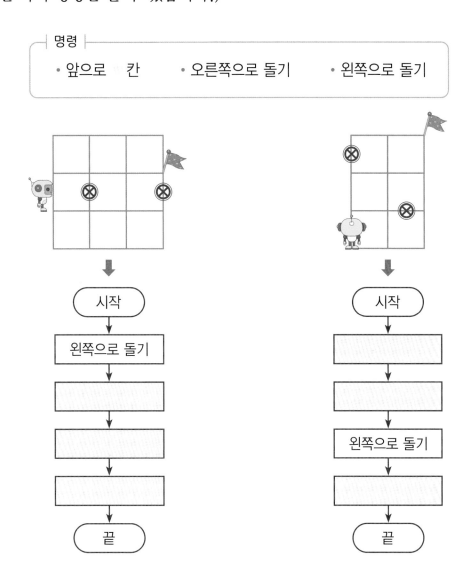

Lecture ··· 프로그래밍

로봇이 깃발에 도착하도록 순서도를 완성할 수 있습니다.

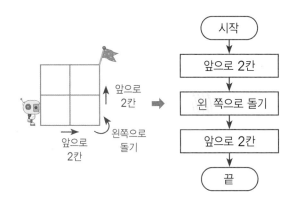

6. 연역표

대표 문제

지원, 서아, 영민, 선호는 의사, 작가, 선생님, 가수 중 서로 다른 장래희망을 1가지씩 가지고 있습니다. 문장을 보고, 친구들의 장래희망을 알아보시오.

- 서아는 장래희망이 의사와 작가인 친구들과 친합니다.
- 영민이의 장래희망은 2글자가 아닙니다.
- 선호와 장래희망이 작가, 가수인 친구들은 서로 모르는 사이입니다.

> **STEP 1** 문장을 보고 알 수 있는 사실을 완성하고, 표 안에 알맞은 것은 ○, 틀린 것은 ✕표 하시오.

	의사	작가	선생님	가수
지원				
서아				
영민				
선호				

1 표의 ☐ 안에 ○ 또는 ✕표 하기

서아는 장래희망이 의사와 작가인 친구들과 친합니다.

> **알 수 있는 사실**
> 서아의 장래희망은 (의사 , 작가 , 선생님 , 가수)가 아닙니다.

2 표의 ☐ 안에 ○ 또는 ✕표 하기

영민이의 장래희망은 2글자가 아닙니다.

> **알 수 있는 사실**
> 영민이의 장래희망은 (의사 , 작가 , 선생님 , 가수)입니다.

3 표의 ☐ 안에 ○ 또는 ✕표 하기

선호와 장래희망이 작가, 가수인 친구들은 서로 모르는 사이입니다.

> **알 수 있는 사실**
> 선호의 장래희망은 (의사 , 작가 , 선생님 , 가수)가 아닙니다.

> **STEP 2** **STEP 1**의 표의 남은 칸을 완성하여 친구들의 장래희망을 알아보시오.

01 수혁, 현아, 재욱, 소희는 봄, 여름, 가을, 겨울 중 서로 다른 계절을 1가지씩 좋아합니다. 문장을 보고, 표를 이용하여 친구들이 좋아하는 계절을 알아보시오.

- 재욱이는 봄을 좋아합니다.
- 현아는 여름과 가을을 싫어합니다.
- 수혁이는 더운 계절을 좋아하지 않습니다.

	봄	여름	가을	겨울
수혁				
현아				
재욱				
소희				

Lecture ··· 연역표

문장을 보고, 표 안에 좋아하는 것은 ○, 좋아하지 않는 것은 ×표 하여 친구들이 좋아하는 곤충을 알 수 있습니다.

- 시은, 유선, 정우는 나비, 잠자리, 매미 중 서로 다른 곤충을 1가지씩 좋아합니다.
- 시은이는 나비를 좋아합니다.
- 정우는 매미를 좋아하지 않습니다.

	나비	잠자리	매미
시은	○	×	×
유선			
정우			

➡

	나비	잠자리	매미
시은	○	×	×
유선	×		
정우	×		

➡

	나비	잠자리	매미
시은	○	×	×
유선	×	○	×
정우	×	×	○

시은이는 나비를 좋아하므로 잠자리와 매미를 좋아하지 않습니다.

시은이는 나비를 좋아하므로 유선이와 정우는 나비를 좋아하지 않습니다.

정우가 매미를 좋아하므로 유선이는 잠자리를 좋아합니다.

✳ Creative 팩토 ✳

01 ▧ 안에 알맞은 말을 써넣으시오.

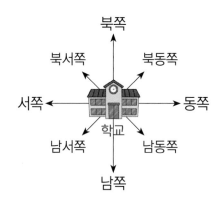

- 서연이네 집은 학교에서 남서쪽에 있습니다.
- 도하네 집은 학교에서 북동쪽에 있습니다.
- 시우네 집은 도하네 집의 남쪽, 서연이네 집의 동쪽에 있습니다.

그러므로 시우네 집은 학교에서 ▨▨▨ 쪽에 있습니다.

02 분리배출 로봇이 콜라 캔을 분리배출하려고 합니다. 알맞은 분리배출함에 도착하도록 순서도를 완성해 보시오. (단, 빈칸에는 한 가지 명령만 쓸 수 있습니다.)

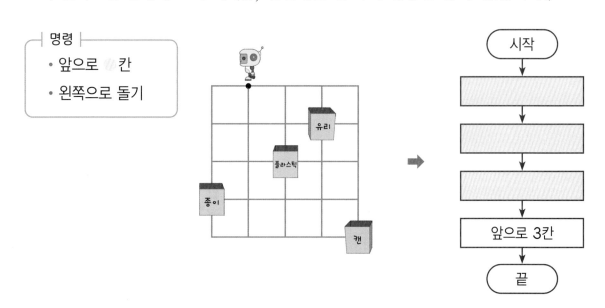

▶ 정답과 풀이 34쪽

03 다음과 같은 6칸의 우리 안에는 각각 호랑이, 코알라, 곰, 여우, 사슴, 기린이 있습니다. 동물의 위치를 찾아 빈칸에 알맞게 써넣으시오.

- 곰과 사슴 사이에 여우가 있습니다.
- 호랑이와 곰은 붙어 있으면 안 됩니다.
- 코알라의 남서쪽에는 여우가 있고, 서쪽에는 기린이 있습니다.

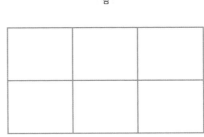

04 희준이는 친구의 생일 파티에 가서 케이크, 김밥, 주스, 떡을 순서대로 한 종류씩 먹었습니다. 문장을 보고, 표를 이용하여 희준이가 셋째로 먹은 음식은 무엇인지 알아보시오.

- 케이크와 떡은 둘 다 단 음식이어서 그 사이에는 달지 않은 것을 먹어야 했어.
- 목이 말라서 음료수를 마신 다음에는 배가 불러 아무것도 먹지 못했어.
- 내가 가장 먼저 먹은 것은 이름이 가장 짧은 음식이야.

	케이크	김밥	주스	떡
첫째				
둘째				
셋째				
넷째				

05 문장을 보고, 지도의 빈칸에 알맞은 장소의 이름을 써넣으시오.

- 지호네 집에서 북쪽으로 40 m, 동쪽으로 30 m 가면 정우네 집이 나옵니다.
- 지호네 집에서 북쪽으로 40 m 간 후 모퉁이에서 왼쪽으로 돌아 마을의 끝까지 가면 병원이 있습니다.
- 하린이네 집은 병원에서 남쪽 끝에 있습니다.
- 학교는 정우네 집에서 가장 먼 곳에 있습니다.
- 병원에서 정우네 집으로 간 다음, 방향을 바꾸지 않고 80 m를 더 가면 놀이터가 나옵니다.
- 다온이네 집에서 놀이터까지의 가는 길의 길이는 승현이네 집에서 놀이터까지 가는 길의 길이의 2배입니다.

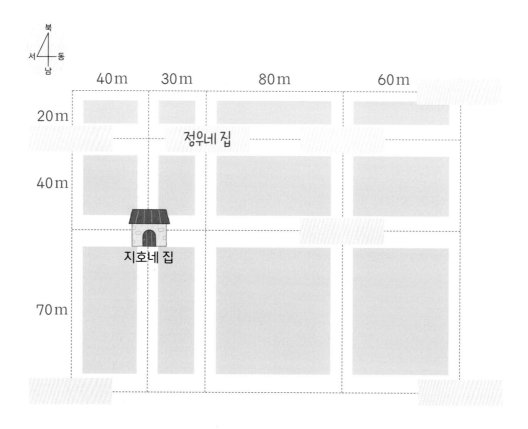

▶ 정답과 풀이 35쪽

06 주어진 수 카드를 한 번씩 모두 사용하여 조건에 맞게 두 가지 방법으로 식을 만들고 그 값을 구해 보시오. (단, 3＋4＝7과 4＋3＝7은 하나의 식으로 봅니다.)

$$\boxed{+}\ \boxed{4}\ \boxed{3}\ \boxed{6}\ \boxed{7}$$

> **조건**
> • 3과 7 사이에는 한 장의 카드가 있습니다.
> • ＋와 4는 서로 나란히 붙어 있습니다.

방법1 □ □ □ □ □ ＝

방법2 □ □ □ □ □ ＝

07 남자아이인 민재, 준우, 동건, 세준이와 여자아이인 도연, 지원, 수아, 소율이가 짝을 지어 게임을 하려고 합니다. 친하지 않은 아이끼리는 짝을 하지 않을 때, 표를 이용하여 준우의 짝은 누구인지 알아보시오.

• 도연이는 동건, 준우와 친하지 않습니다.
• 동건이는 지원, 소율이와 친하지 않습니다.
• 세준이는 도연이하고만 친합니다.
• 소율이는 민재와 친하지 않습니다.

	도연	지원	수아	소율
민재				
준우				
동건				
세준				

⁎ Perfect 경시대회 ⁎

01 매표소에서 놀이 기구까지 가장 짧은 길로 가려고 합니다. 공사 중인 곳이 있어 지나갈 수 없는 길을 제외하고, 가장 짧은 길의 가짓수를 구해 보시오.

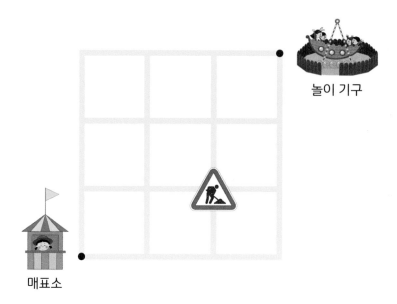

놀이 기구

매표소

02 세미, 수아, 연우, 민서는 4층짜리 빌라의 각 층에 한 명씩 살고 있습니다. 대화를 보고, 네 사람은 각각 몇 층에 살고 있는지 알아보시오.

- **세미**: 나는 4층에 살지 않아.
- **수아**: 나는 민서보다 높은 층에 살아.
- **연우**: 난 세미보다 낮은 층에 살아.
- **민서**: 난 수아와 바로 위 또는 아래 층에 살고 있어.

❯ 정답과 풀이 **36**쪽

03 시은, 준수, 혜리, 지훈이는 달리기 시합을 하였습니다. 준수는 참말을 했고 나머지 친구들 중 한 명은 참말, 한 명은 거짓말을 했습니다. 같은 등수는 없다고 할 때, 대화를 보고, 2등은 누구인지 알아보시오.

- **시은**: 나는 2등이고 지훈이는 4등이야.
- **준수**: 나보다 먼저 들어온 사람은 없고, 지훈이는 3등을 했어.
- **혜리**: 시은이는 4등이야.

04 1부터 10까지의 수의 합 S를 구하는 순서도를 완성해 보시오.

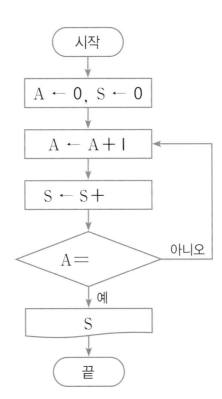

Key Point

1부터 10까지의 수의 합을 구하려면, A가 어떤 수일 때 덧셈이 끝나는지 생각해 봅니다.

01 출발에서 도착까지 가는 가장 짧은 길을 모두 그리고 가장 짧은 길의 가짓수를
구해 보시오.

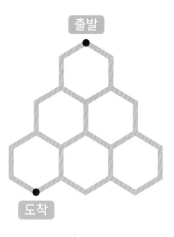

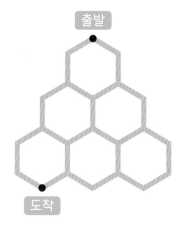

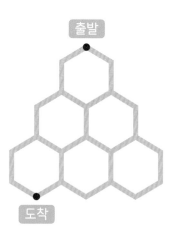

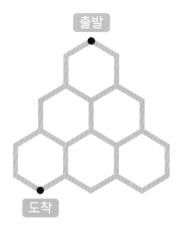

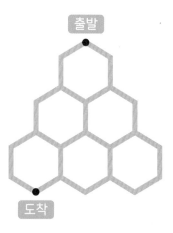

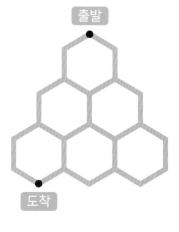

➡ 가장 짧은 길: 　　　가지

Ⅲ. 논리추론

02 승우는 보물 찾는 방법이 적힌 쪽지를 발견했습니다. 쪽지에 적힌 말을 순서도로 간단히 나타내어 보시오.

[보물 찾는 방법]
이 쪽지를 주운 곳에서 앞으로 3칸 가면 바위가 많은 산이 나와.
(만약 산이 나오지 않으면 길을 잘못 찾은 거니까
쪽지를 주운 곳으로 돌아가서 다시 출발하렴.)
산길을 따라 앞으로 10칸 가서 길 끝에 오래된 돌문이 있는지 확인해.
있다면 문을 열고 왼쪽으로 돌아 앞으로 7칸 가면 보물이 있어.
(돌문이 없다면 역시 길을 잘못 찾은 거니까
쪽지를 주운 곳으로 돌아가서 다시 출발하렴.)

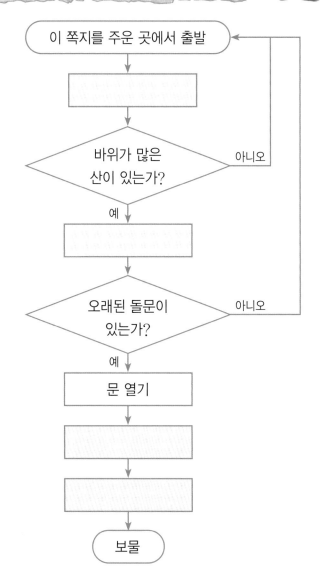

MEMO

영재학급, 영재교육원,
경시대회 준비를 위한

창의사고력
초등수학

팩토

형성 평가
총괄 평가

Lv. **3**

응용 **C**

Lv.3 응용 C

형성평가

연산 영역

시험일시	년 월 일
이 름	

권장 시험 시간 **30분**

✔ 총 문항 수(10문항)를 확인해 주세요.

✔ 권장 시험 시간(30분) 안에 문제를 풀어 주세요.

✔ 문제를 정확히 읽고 답을 바르게 쓰세요.

✔ 잘 풀리지 않는 문제가 있으면 쉬운 문제부터 해결한 후 다시 도전해 보세요.

01 7장의 숫자 카드를 모두 사용하여 (네 자리 수) − (세 자리 수)의 식을 만들려고
합니다. 계산 결과가 가장 클 때의 값을 구해 보시오.

02 5장의 숫자 카드 중 4장을 사용하여 곱셈식을 만들려고 합니다. 계산 결과가 가장
클 때의 값을 구해 보시오.

1   3   5   7   9

03 다음 덧셈식에서 각각의 모양이 나타내는 숫자를 구해 보시오. (단, 같은 모양은 같은 숫자를, 다른 모양은 다른 숫자를 나타냅니다.)

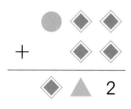

04 다음 곱셈식에서 $A \times B$의 값을 구해 보시오. (단, 같은 알파벳은 같은 숫자를, 다른 알파벳은 다른 숫자를 나타냅니다.)

$$
\begin{array}{r}
A\ B \\
\times \quad\ B \\
\hline
A\ A\ 9
\end{array}
$$

05 오른쪽과 아래쪽에 있는 수는 각 줄의 모양이 나타내는 수들의 합입니다. 안에 알맞은 수를 써넣으시오. (단, 같은 모양은 같은 수를, 다른 모양은 다른 수를 나타냅니다.

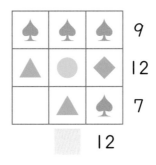

06 4장의 숫자 카드를 모두 사용하여 (두 자리 수) × (두 자리 수)의 식을 만들려고 합니다. 계산 결과가 가장 클 때와 가장 작을 때의 값을 각각 구해 보시오.

5 8 7 3

07 다음 덧셈식에서 A＋B＋C의 값을 구해 보시오. (단, 같은 알파벳은 같은 숫자를, 다른 알파벳은 다른 숫자를 나타냅니다.)

$$
\begin{array}{ccccc}
 & A & B & A \\
+ &   & A & C \\
\hline
B & 0 & B & B \\
\end{array}
$$

08 다음 식에서 ★, ▲, ●이 나타내는 숫자를 각각 구해 보시오. (단, 같은 모양은 같은 숫자를, 다른 모양은 다른 숫자를 나타냅니다.)

$$
\begin{array}{cc}
 & ● \\
+ & ● \\
\hline
★ & ▲ \\
\end{array}
\qquad
\begin{array}{cc}
★ & ● \\
+ & ● \\
\hline
▲ & ▲ \\
\end{array}
$$

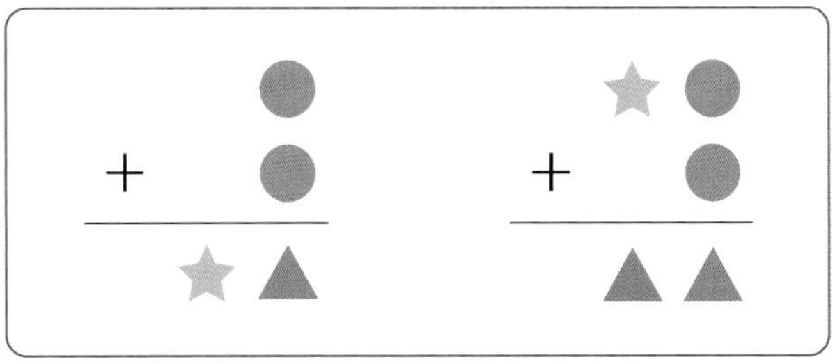

09 오른쪽과 아래쪽에 있는 수는 각 줄의 모양이 나타내는 수들의 합입니다. 안에 들어갈 수를 구해 보시오. (단, 같은 모양은 같은 수를, 다른 모양은 다른 수를 나타냅니다.)

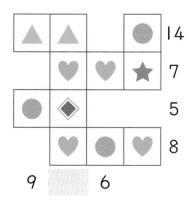

10 두 수의 합이 90인 두 자리 수와 한 자리 수가 있습니다. ? 에 들어갈 가장 큰 수를 구해 보시오.

$$\cdot\ \boxed{} + \boxed{} = 90$$

$$\cdot\ \boxed{} \times \boxed{} = \boxed{?}$$

수고하셨습니다!

정답과 풀이 **38쪽**

형성평가

공간 영역

시험일시 | 년   월   일

이 름 |

권장 시험 시간 **30분**

✔ 총 문항 수(10문항)를 확인해 주세요.

✔ 권장 시험 시간(30분) 안에 문제를 풀어 주세요.

✔ 문제를 정확히 읽고 답을 바르게 쓰세요.

✔ 잘 풀리지 않는 문제가 있으면 쉬운 문제부터 해결한 후 다시 도전해 보세요.

 채점 결과를 매스티안 홈페이지(https://www.mathtian.com)에 방문하여 양식에 맞게 입력해 보세요. 「형성평가 결과지」를 직접 받아보실 수 있습니다.

01 2개의 도형을 겹쳐서 오른쪽과 같은 모양을 만들었습니다. 겹친 도형 2개를 찾아 기호를 써 보시오.

겹친 모양

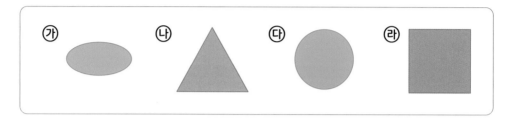

02 다음 모양을 보고 위, 앞, 옆에서 본 모양을 각각 그려 보시오.

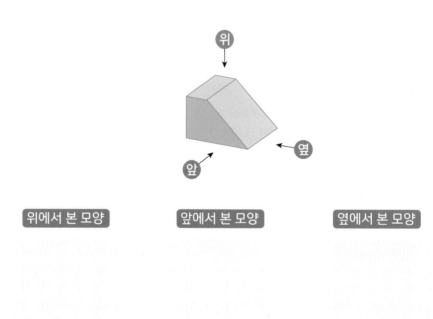

위에서 본 모양　　　　　앞에서 본 모양　　　　　옆에서 본 모양

03 주어진 주사위를 맞닿은 두 면의 눈의 수의 합이 7이 되도록 이어 붙였을 때, 분홍색으로 칠한 면의 눈의 수를 구해 보시오. (단, 주사위의 마주 보는 두 면의 눈의 수의 합은 7입니다.)

04 다음과 같이 색종이를 접어 검은색 선을 따라 자른 후 펼쳤을 때 나오는 삼각형과 사각형은 각각 몇 개인지 구해 보시오.

접기   펼치기

펼친 모양

05 다음은 쌓기나무로 쌓은 모양을 위에서 본 모양에 각 자리에 쌓여 있는 쌓기나무의 개수를 나타낸 것입니다. 옆에서 본 모양을 그려 보시오.

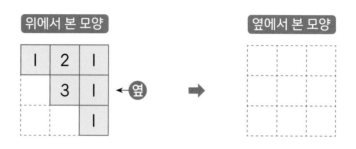

06 다음 종이를 숫자 '2'가 가장 위에 올라오도록 선을 따라 접은 후, 검은색 부분을 자르고 펼쳤습니다. 펼친 모양에 잘려진 부분을 색칠해 보시오. (단, 종이 뒷면에는 아무것도 쓰여 있지 않습니다.)

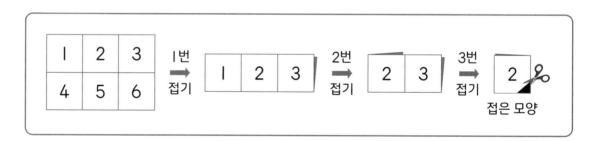

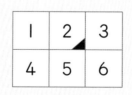

펼친 모양

07 다음과 같이 색종이를 접어 검은색 선을 따라 자른 후 펼쳤을 때 나오는 삼각형과 사각형은 각각 몇 개인지 구해 보시오.

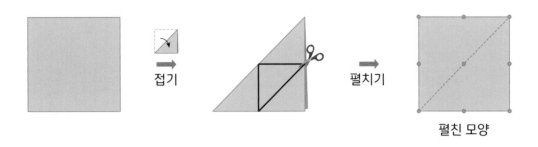

접기 → 펼치기 → 펼친 모양

08 주어진 주사위를 맞닿은 두 면의 눈의 수가 같도록 이어 붙였을 때, 분홍색으로 칠한 면의 눈의 수를 구해 보시오. (단, 주사위의 마주 보는 두 면의 눈의 수의 합은 7입니다.)

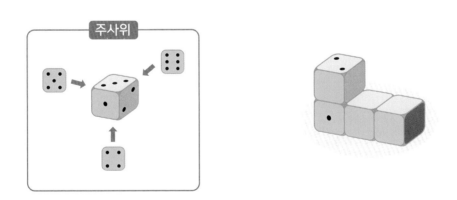

09 다음 종이를 ★ 모양이 가장 위에 올라오도록 선을 따라 접은 후, 검은색 부분을 자르고 펼쳤습니다. 펼친 모양에 잘려진 부분을 색칠해 보시오. (단, 종이 뒷면에는 아무것도 쓰여 있지 않습니다.)

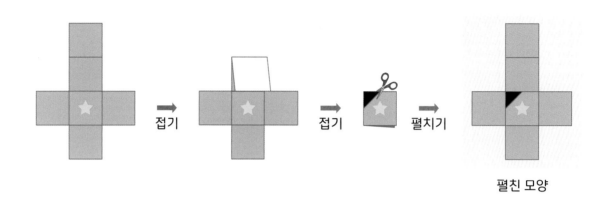

펼친 모양

10 다음은 쌓기나무로 쌓은 모양을 위, 앞, 옆에서 본 모양입니다. 똑같은 모양으로 쌓을 때 필요한 쌓기나무는 몇 개인지 구해 보시오.

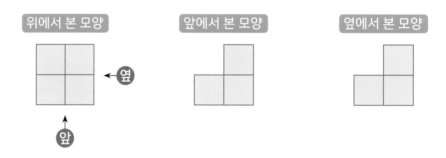

수고하셨습니다!

정답과 풀이 **41**쪽

형성평가

논리추론 영역

시험일시	년 월 일
이 름	

권장 시험 시간 **30분**

✔ 총 문항 수(10문항)를 확인해 주세요.

✔ 권장 시험 시간(30분) 안에 문제를 풀어 주세요.

✔ 문제를 정확히 읽고 답을 바르게 쓰세요.

✔ 잘 풀리지 않는 문제가 있으면 쉬운 문제부터 해결한 후 다시
도전해 보세요.

채점 결과를 매스티안 홈페이지(https://www.mathtian.com)에 방문하여 양식에 맞게 입력해 보세요.
「형성평가 결과지」를 직접 받아보실 수 있습니다.

01 출발 에서 도착 까지 가는 가장 짧은 길의 가짓수를 구해 보시오.

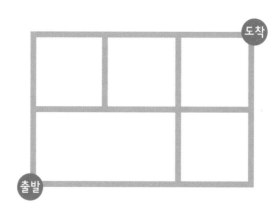

02 3명의 친구 중 1명만 진실을 이야기하고 나머지 2명은 거짓을 이야기했습니다. 몰래 초콜릿을 먹은 범인은 1명일 때, 범인을 찾아보시오.

유준
이든이가 초콜릿을 먹었어.

이든
나는 초콜릿을 먹지 않았어.

지아
이든이는 초콜릿을 먹지 않았어.

03 순서도에서 출력되는 S의 값을 구해 보시오.

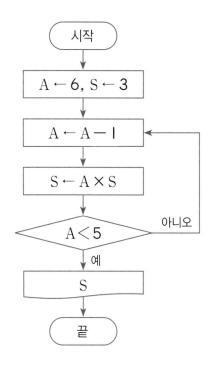

시작

A ← 6, S ← 3

A ← A − 1

S ← A × S

A < 5 ── 아니오

예

S

끝

04 친구들이 앉는 자리를 정하려고 합니다. 친구들의 위치를 찾아 빈 곳에 알맞게 써 넣으시오.

- 지아와 태하는 가장 멀리 떨어져 있습니다.
- 현우의 서쪽에는 시현이가 있습니다.
- 예준이의 동쪽에는 다은이가 있습니다.
- 지아의 북쪽에는 현우가 있습니다.

북
서 ─ 동
남

05 로봇이 장애물(⊗)을 피해 깃발에 도착하도록 순서도를 완성해 보시오.
(단, 빈칸에는 한 가지 명령만 쓸 수 있습니다.)

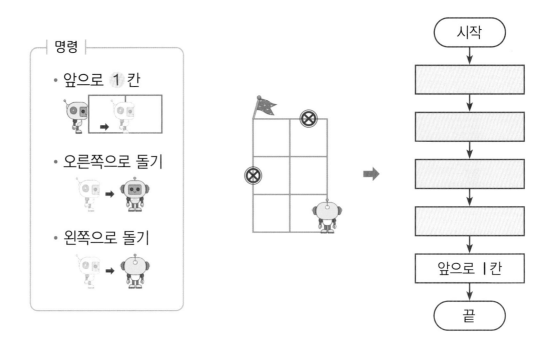

06 수아, 채은, 예린, 현서는 장미, 벚꽃, 튤립, 수선화 중 서로 다른 꽃을 1가지씩 좋아합니다. 문장을 보고, 표를 이용하여 현서가 좋아하는 꽃을 알아보시오.

- 채은이가 좋아하는 꽃의 이름은 3글자입니다.
- 예린이는 튤립을 싫어합니다.
- 수아와 예린이는 장미를 좋아하지 않습니다.

	장미	벚꽃	튤립	수선화
수아				
채은				
예린				
현서				

07 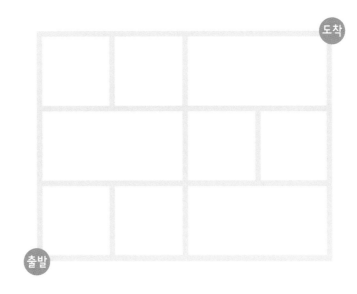에서 까지 가는 가장 짧은 길의 가짓수를 구해 보시오.

08 3명의 친구 중 1명만 진실을 이야기하고 나머지 2명은 거짓을 이야기했습니다. 컵을 깨뜨린 범인은 1명일 때, 범인을 찾아보시오.

09 안에 알맞은 말을 써넣으시오.

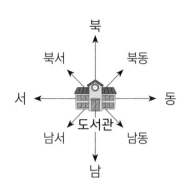

- 채원이네 집은 도서관에서 북동쪽에 있습니다.
- 서현이네 집은 도서관에서 북서쪽에 있습니다.
- 은찬이네 집은 채원이네 집의 남서쪽, 서현이네 집의 남쪽에 있습니다.

그러므로 은찬이네 집은 도서관에서   쪽에 있습니다.

10 서준, 하율, 도윤, 시우는 과제를 하기 위해 인터넷 조사, 도서 조사, 문서 정리, 발표 중 잘하는 것을 각각 하나씩 맡아서 하기로 했습니다. 문장을 보고, 표를 이용하여 인터넷 조사를 하는 사람이 누구인지 알아보시오.

- 서준이는 문서를 잘 정리합니다.
- 하율이는 인터넷에서 자료를 찾는 것을 좋아하지 않습니다.
- 시우는 앞에서 발표하는 것을 좋아합니다.

	인터넷 조사	도서 조사	문서 정리	발표
서준				
하율				
도윤				
시우				

수고하셨습니다!

정답과 풀이 44쪽

총괄평가

 Lv. ❸ 응용 C

권장 시험 시간	30분

시험일시 │   년   월   일

이   름 │

✔ 총 문항 수(10문항)를 확인해 주세요.

✔ 권장 시험 시간(30분) 안에 문제를 풀어 주세요.

✔ 문제를 정확히 읽고 답을 바르게 쓰세요.

✔ 잘 풀리지 않는 문제가 있으면 쉬운 문제부터 해결한 후
   다시 도전해 보세요.

01 5장의 숫자 카드를 빈칸에 1장씩 넣어 2가지 방법으로 올바른 식이 되도록 만들어 보시오.

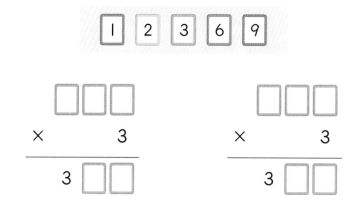

02 6장의 숫자 카드를 모두 사용하여 계산 결과가 가장 작은 식을 만들 때, ㉮에 들어갈 수를 구해 보시오.

03 다음 덧셈식에서 ●, ★이 나타내는 숫자의 차를 구해 보시오. (단, 같은 모양은 같은 숫자를, 다른 모양은 다른 숫자를 나타냅니다.)

04 주어진 삼각형과 사각형을 여러 방향으로 돌려 가며 서로 겹쳤을 때, 겹쳐진 부분의 모양이 될 수 <u>없는</u> 것을 찾아 기호를 써 보시오.

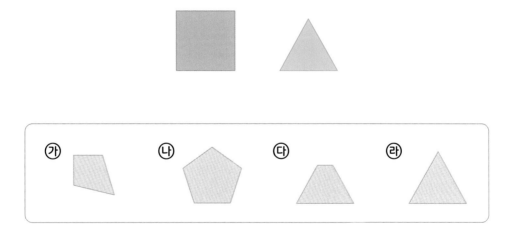

05 주어진 주사위를 맞닿은 두 면의 눈의 수의 합이 6이 되도록 이어 붙였을 때, 분홍색으로 칠한 면의 눈의 수를 구해 보시오. (단, 주사위의 마주 보는 두 면의 눈의 수의 합은 7입니다.)

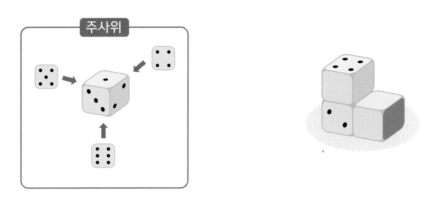

06 다음 종이를 숫자 'ㅣ'이 가장 위에 올라오도록 선을 따라 접은 후, 검은색 부분을 자르고 펼쳤습니다. 펼친 모양에 잘려진 부분을 색칠해 보시오. (단, 종이 뒷면에는 아무것도 쓰여 있지 않습니다.)

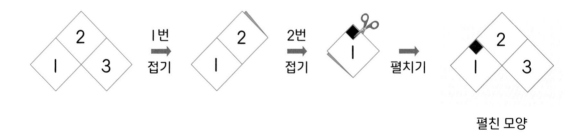

펼친 모양

07 민서는 소윤이에게 가려고 합니다. 가장 짧은 길의 가짓수를 구해 보시오.

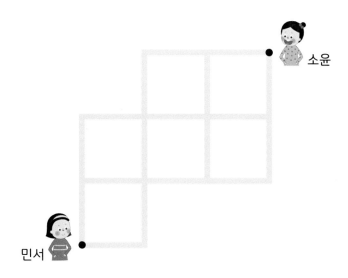

08 거리에는 서점, 병원, 학교, 공원이 서로 다른 위치에 있습니다. 다음 설명을 보고 각각의 위치를 찾아 빈 곳에 알맞게 써넣으시오.

• 병원의 남쪽에는 학교가 있습니다.
• 공원의 서쪽에는 병원이 있습니다.

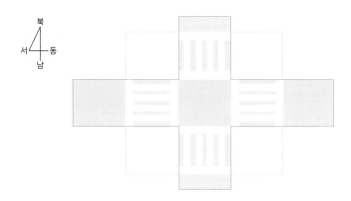

09 로봇이 장애물(⊗)을 피해 깃발에 도착하도록 순서도를 완성해 보시오. (단, 빈칸에
는 한 가지 명령만 쓸 수 있습니다.)

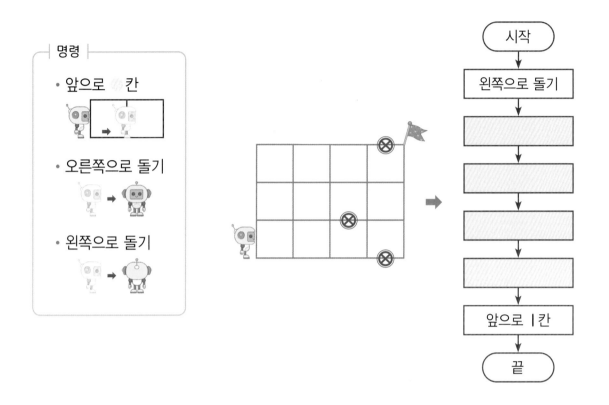

10 정안, 이나, 설윤, 민서는 정씨, 이씨, 설씨, 민씨 중 하나씩 서로 다른 성을 가지고
있습니다. 다음 설명을 보고 4명의 성씨를 빈 곳에 알맞게 써넣으시오.

- 아무도 자신의 이름 첫 글자와 같은 글자로 시작하는 성을 갖고 있지 않습니다.
- 민씨 성을 가진 사람의 나이는 정안이보다 많지만 이나보다는 적습니다.
- 정씨 성을 가진 사람이 가장 어립니다.

 정안 , 이나 , 설윤 , 민서

수고하셨습니다!

정답과 풀이 47쪽 ▶

창의사고력 초등수학

팩토

팩토는 자유롭게 자신감있게 창의적으로
생각하는 **주·니·어·수·학·자**입니다.

Free **A**ctive **C**reative **T**hinking **O**. Junior mathtian

영재학급, 영재교육원,
경시대회 준비를 위한

창의사고력
초등수학

팩토

명확한 답
친절한 풀이

Lv.3
응용 C

창의사고력
초등수학
팩토

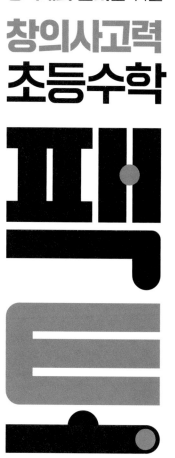

명확한 **답**
친절한 **풀이**

Lv. **3**

응용 **C**

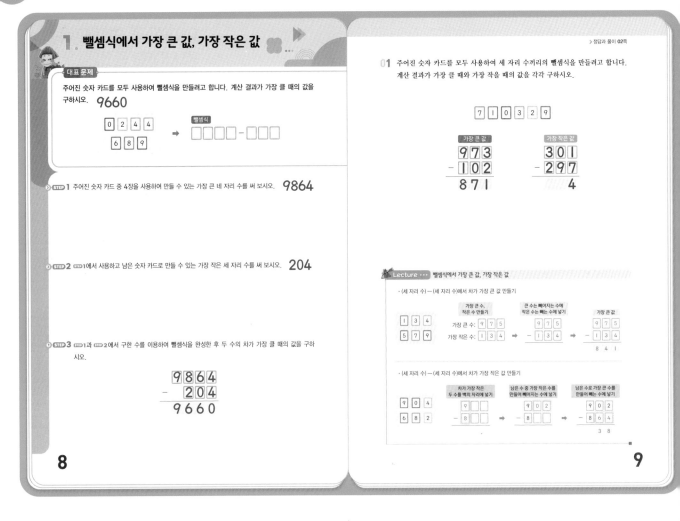

1. 뺄셈식에서 가장 큰 값, 가장 작은 값

대표 문제

주어진 숫자 카드를 모두 사용하여 뺄셈식을 만들려고 합니다. 계산 결과가 가장 클 때의 값을 구하시오. **9660**

0 2 4 4
6 8 9

➡ 뺄셈식 □□□□ - □□□

STEP 1 주어진 숫자 카드 중 4장을 사용하여 만들 수 있는 가장 큰 네 자리 수를 써 보시오. **9864**

STEP 2 STEP 1에서 사용하고 남은 숫자 카드로 만들 수 있는 가장 작은 세 자리 수를 써 보시오. **204**

STEP 3 STEP 1과 STEP 2에서 구한 수를 이용하여 뺄셈식을 완성한 후 두 수의 차가 가장 클 때의 값을 구하시오.

```
  9 8 6 4
-   2 0 4
  9 6 6 0
```

8

> 정답과 풀이 02쪽

01 주어진 숫자 카드를 모두 사용하여 세 자리 수끼리의 뺄셈식을 만들려고 합니다. 계산 결과가 가장 클 때와 가장 작을 때의 값을 각각 구하시오.

7 1 0 3 2 9

가장 큰 값
```
  9 7 3
- 1 0 2
  8 7 1
```

가장 작은 값
```
  3 0 1
- 2 9 7
      4
```

Lecture ··· 뺄셈식에서 가장 큰 값, 가장 작은 값

· (세 자리 수) - (세 자리 수)에서 차가 가장 큰 값 만들기

| | 가장 큰 수, 작은 수 만들기 | 큰 수는 빼어지는 수에 작은 수는 빼는 수에 넣기 | 가장 큰 값 |

1 3 4
5 7 9

가장 큰 수: 9 7 5
가장 작은 수: 1 3 4

➡
```
  9 7 5
- 1 3 4
```

```
  9 7 5
- 1 3 4
  8 4 1
```

· (세 자리 수) - (세 자리 수)에서 차가 가장 작은 값 만들기

| | 차가 가장 작은 두 수를 백의 자리에 넣기 | 남은 수 중 가장 작은 수를 만들어 빼어지는 수에 넣기 | 남은 수로 가장 큰 수를 만들어 빼는 수에 넣기 |

9 0 4
6 8 2

```
9  
- 8  
```

➡
```
9 0 2
- 8  
```

➡
```
9 0 2
- 8 6 4
    3 8
```

9

대표 문제

STEP 1 9>8>6>4=4>2>0이므로 만들 수 있는 가장 큰 네 자리 수는 9864입니다.

STEP 2 남은 수는 0, 2, 4이므로 만들 수 있는 가장 작은 세 자리 수는 204입니다.

01 · 계산 결과가 가장 클 때:
9>7>3>2>1>0이므로 만들 수 있는 가장 큰 수는 973이고, 가장 작은 수는 102입니다.
따라서 계산 결과가 가장 큰 뺄셈식은
973-102=871입니다.

· 계산 결과가 가장 작을 때:
차가 가장 작은 두 수는 1과 2, 2와 3입니다.
백의 자리에 1과 2를 넣고 남은 수 7, 0, 3, 9로 만들 수 있는 가장 작은 수 03을 빼어지는 수에, 가장 큰 수 97을 빼는 수에 넣습니다. 이때 계산 결과가 가장 작은 뺄셈식은 203-197=6입니다.
백의 자리에 2와 3을 넣고 남은 수 7, 1, 0, 9로 만들 수 있는 가장 작은 수 01을 빼어지는 수에, 가장 큰 수 97을 빼는 수에 넣습니다. 이때 계산 결과가 가장 작은 뺄셈식은 301-297=4입니다.
따라서 계산 결과가 가장 작은 뺄셈식은 301-297=4 입니다.

2. 곱셈식에서 가장 큰 값, 가장 작은 값

대표 문제

주어진 숫자 카드를 모두 사용하여 (두 자리 수)×(한 자리 수)의 곱셈식을 만들려고 합니다. 계산 결과가 가장 클 때와 가장 작을 때의 값을 각각 구하시오.

6 5 9

곱이 가장 클 때의 값: 585
곱이 가장 작을 때의 값: 345

STEP 1 주어진 숫자 카드를 사용하여 2가지 방법으로 계산 결과가 가장 클 때의 값을 구하시오. **585**

STEP 2 주어진 숫자 카드를 사용하여 2가지 방법으로 계산 결과가 가장 작을 때의 값을 구하시오. **345**

STEP 3 STEP 1과 STEP 2에서 구한 값을 비교하여 계산 결과가 가장 클 때와 가장 작을 때의 값을 각각 구하시오.

곱이 가장 클 때의 값: 585
곱이 가장 작을 때의 값: 345

10

▶ 정답과 풀이 03쪽

01 다음 (두 자리 수)×(한 자리 수)의 계산 결과가 가장 클 때 ●과 ◆을 각각 구하시오. (단, ●과 ◆은 서로 다른 숫자입니다.) **●=8, ◆=9**

02 주어진 4장의 숫자 카드 중 3장을 사용하여 (두 자리 수)×(한 자리 수)의 식을 만들려고 합니다. 계산 결과가 가장 작을 때의 값을 구하시오. **94**

8 2 4 7

☐☐
× ☐

Lecture ··· (두 자리 수)×(한 자리 수)에서 가장 큰 값, 가장 작은 값

㉮>㉯>㉰인 3개의 수가 있을 경우

계산 결과가 가장 큰 (두 자리 수)×(한 자리 수) 만드는 방법	계산 결과가 가장 작은 (두 자리 수)×(한 자리 수) 만드는 방법
㉯ ㉮ × ㉰	㉯ ㉰ × ㉮

11

대표 문제

STEP 1 5, 6, 9 중에서 가장 작은 수 5를 곱해지는 수의 일의 자리에 넣고, 남은 수 6과 9를 2가지 방법으로 넣어 계산해 봅니다.

STEP 2 5, 6, 9 중에서 가장 큰 수 9를 곱해지는 수의 일의 자리에 넣고, 남은 수 5와 6을 2가지 방법으로 넣어 계산해 봅니다.

STEP 3 곱이 가장 클 때의 값은 585, 가장 작을 때의 값은 345입니다.

01 ●과 ◆은 서로 다른 한 자리 수이고 계산 결과가 가장 커야 하므로 9와 8이 들어가야 합니다.
① ●=9, ◆=8일 때, 39×8=312입니다.
② ●=8, ◆=9일 때, 38×9=342입니다.
312<342이므로 ●=8, ◆=9입니다.

02 곱이 가장 작을 때의 값을 구해야 하므로 8은 사용하지 않습니다.
2, 4, 7 중에서 가장 큰 수 7을 곱해지는 수 일의 자리에 넣고 남은 수 2와 4를 2가지 방법으로 넣어 계산한 후 비교합니다.

$$\begin{array}{r} 2\,7 \\ \times\quad 4 \\ \hline 1\,0\,8 \end{array} \qquad \begin{array}{r} 4\,7 \\ \times\quad 2 \\ \hline 9\,4 \end{array}$$

따라서 곱이 가장 작을 때의 값은 94입니다.

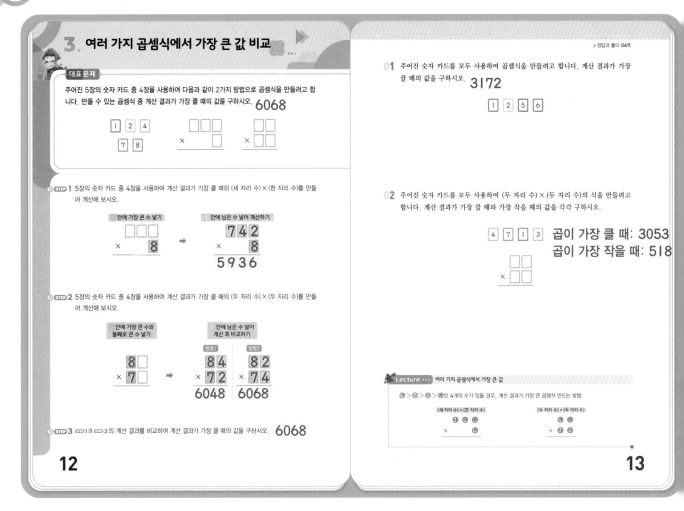

대표 문제

STEP 1 가장 큰 수 8을 곱하는 수에 넣고 남은 수 1, 2, 4, 7로 만들 수 있는 가장 큰 수 742를 곱해지는 수에 넣어 계산합니다.

STEP 2 곱이 가장 클 때의 값을 구해야 하므로 1은 사용하지 않습니다.
가장 큰 수 8과 둘째로 큰 수 7을 십의 자리에 각각 넣고, 남은 수 2와 4를 일의 자리에 2가지 방법으로 넣어 계산한 후 비교합니다.

STEP 3 5936 < 6048 < 6068이므로 곱이 가장 클 때의 값은 6068입니다.

01 숫자 카드 4장을 사용하여 (세 자리 수) × (한 자리 수) 또는 (두 자리 수) × (두 자리 수)의 계산 결과가 가장 클 때의 값을 구해 비교합니다.

$$\begin{array}{r} 521 \\ \times\ \ \ 6 \\ \hline 3126 \end{array} \qquad \begin{array}{r} 62 \\ \times\ 51 \\ \hline 3162 \end{array} \qquad \begin{array}{r} 61 \\ \times\ 52 \\ \hline 3172 \end{array}$$

02 • 계산 결과가 가장 클 때:
가장 큰 수와 둘째로 큰 수를 십의 자리에 각각 넣고, 남은 수를 일의 자리에 2가지 방법으로 넣어 계산한 후 비교합니다.

$$\begin{array}{r} 7\ 3 \\ \times\ 4\ 1 \\ \hline 2293 \end{array} \qquad \begin{array}{r} 7\ 1 \\ \times\ 4\ 3 \\ \hline 3053 \end{array}$$

• 계산 결과가 가장 작을 때:
가장 작은 수와 둘째로 작은 수를 십의 자리에 각각 넣고 남은 두 수를 일의 자리에 2가지 방법으로 넣어 계산한 후 비교합니다.

$$\begin{array}{r} 1\ 4 \\ \times\ 3\ 7 \\ \hline 518 \end{array} \qquad \begin{array}{r} 1\ 7 \\ \times\ 3\ 4 \\ \hline 578 \end{array}$$

Creative 팩토

▷ 정답과 풀이 05쪽

01 주어진 숫자 카드를 모두 사용하여 세 자리 수끼리의 **뺄셈식**을 만들려고 합니다. 계산 결과가 가장 작을 때, ㉮에 들어갈 숫자를 구하시오. **1**

| 0 | 1 | 2 |

| 3 | 6 | 8 |

```
  □ □ ㉮
-  □ □ □
```

02 1부터 6까지의 숫자 중 4개의 숫자를 사용하여 두 수를 만든 후, 두 수의 곱을 구하려고 합니다. 계산 결과가 가장 클 때의 값을 구하시오. **3402**

03 준수와 소현이는 각자 가지고 있는 4장의 숫자 카드를 모두 사용하여 곱이 가장 큰 (두 자리 수) × (두 자리 수)의 식을 만들려고 합니다. 준수와 소현이가 만든 식의 계산 결과의 합을 구하시오. **10984**

〈준수〉 | 6 | 5 | 2 | 1 |

〈소현〉 | 3 | 4 | 8 | 9 |

04 주어진 숫자 카드를 모두 사용하여 (세 자리 수) × (한 자리 수)의 식을 만들려고 합니다. 계산 결과가 가장 클 때와 가장 작을 때의 값의 차를 구하시오. **3740**

| 4 | 6 | 8 | 3 |

```
 □ □ □
×    □
```

14

15

---

01 차가 가장 작은 두 수는 1과 2, 2와 3입니다.
- 백의 자리에 1과 2를 넣고 남은 수로 만들 수 있는 계산 결과가 가장 작은 뺄셈식은 203 − 186 = 17입니다.
- 백의 자리에 2와 3을 넣고 남은 수로 만들 수 있는 계산 결과가 가장 작은 뺄셈식은 301 − 286 = 15입니다.

계산 결과가 가장 작은 뺄셈식은 301 − 286 = 15이므로 ㉮에 들어갈 수는 1입니다.

02 4개의 숫자로 만들 수 있는 두 수는 세 자리 수와 한 자리 수, 두 자리 수와 두 자리 수입니다.
- 곱이 가장 큰 (세 자리 수) × (한 자리 수)
  곱하는 한 자리 수에 가장 큰 수 6을 넣은 후, 남은 수로 가장 큰 세 자리 수를 만들어 곱합니다.
  ➡ 543 × 6 = 3258
- 곱이 가장 큰 (두 자리 수) × (두 자리 수)
  ㉮ > ㉯ > ㉰ > ㉱인 4개의 수가 있을 때 곱이 가장 큰 곱셈식은 ㉮㉱ × ㉯㉰입니다.
  가장 큰 곱을 구해야 하므로 6, 5, 4, 3을 사용하여 곱셈식을 만듭니다. ➡ 63 × 54 = 3402

3258 < 3402이므로 곱이 가장 클 때의 값은 3402입니다.

03 ㉮ > ㉯ > ㉰ > ㉱인 4개의 수가 있을 때 곱이 가장 큰 곱셈식은 ㉮㉱ × ㉯㉰입니다.
준수가 만든 곱셈식: 61 × 52 = 3172
소현이가 만든 곱셈식: 93 × 84 = 7812
따라서 준수와 소현이가 만든 식의 계산 결과의 합은 3172 + 7812 = 10984입니다.

04 곱이 가장 크려면 곱하는 한 자리 수에 가장 큰 수를, 곱이 가장 작으려면 곱하는 한 자리 수에 가장 작은 수를 넣어야 합니다.

가장 큰 값
```
 6 4 3
×    8
 5 1 4 4
```

가장 작은 값
```
 4 6 8
×    3
 1 4 0 4
```

따라서 계산 결과 중 가장 큰 값과 가장 작은 값의 차는 5144 − 1404 = 3740입니다.

· Creative 팩토 ·

▶ 정답과 풀이 06쪽

05 두 수의 합이 20인 두 자리 수와 한 자리 수가 있습니다. ? 에 들어갈 가장 큰 수를 구하시오. **99**

$$
\cdot \quad + \quad = 20
$$
$$
\cdot \quad \times \quad = \; ?
$$

Key Point
29×9의 계산 결과가 가장 크려면 □에 가장 큰 수가 들어가야 합니다.

06 민서와 윤주가 각자 가지고 있는 숫자 카드를 모두 사용하여 세 자리 수를 만든 후, 각자 만든 두 수의 차를 구하려고 합니다. 두 수의 차가 가장 클 때의 값을 구하시오. **606**

〈민서〉 | 6 | 4 | 3 |

〈윤주〉 | 5 | 2 | 9 |

07 보기 와 같이 숫자가 쓰여 있는 회전판을 돌려 화살표가 가리키는 칸의 양쪽 2개 씩의 수를 시계 방향으로 읽어 두 자리 수끼리의 곱셈식을 만들려고 합니다. 물음에 답해 보시오.

보기

23×12=276

(1) 회전판이 다음과 같이 멈췄습니다. 보기 와 같은 방법으로 곱셈식을 만들어 보시오.

 ➡ **11×32=352**

(2) (1)의 회전판을 돌려 만든 곱셈식의 계산 결과가 가장 큰 경우를 2가지 찾아 빈 곳을 채워 보시오.

Key Point
회전판이 한 바퀴 회전하면 금은 처음과 같습니다.

16

17

---

05 (두 자리 수)×(한 자리 수)의 식에서 곱하는 한 자리 수에 가장 큰 수를 넣어야 가장 큰 곱을 가집니다.
(두 자리 수)+(한 자리 수)=20에서 더하는 한 자리 수에 들어갈 수 있는 가장 큰 수는 9이므로, 두 자리 수는 11입니다.
따라서 ? 에 들어갈 가장 큰 수는 11×9=99입니다.

06 민서가 만들 수 있는 가장 큰 수는 643, 가장 작은 수는 346입니다.
윤주가 만들 수 있는 가장 큰 수는 952, 가장 작은 수는 259입니다.
두 수의 차가 가장 크려면 가장 큰 수에서 가장 작은 수를 빼면 되므로 민서와 윤주가 만든 두 수의 차가 가장 클 때의 값은 952−346=606입니다.

07 (2) 회전판을 돌려서 만들 수 있는 곱셈식은 다음과 같습니다.
· 11은 항상 32와 곱해집니다.

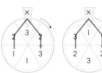 ➡ 11 × 32 = 352
32 × 11 = 352

· 12는 항상 23과 곱해집니다.

➡ 12 × 23 = 276
23 × 12 = 276

· 31은 항상 23과 곱해집니다.

➡ 31 × 23 = 713
23 × 31 = 713

따라서 두 수의 곱이 가장 큰 값은 713이고, 곱이 가장 큰 곱셈식을 만들 수 있는 경우는 다음과 같습니다.

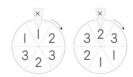

4. 덧셈 복면산

대표문제

다음 덧셈식에서 각각의 모양이 나타내는 숫자를 구하시오. (단, 같은 모양은 같은 숫자를, 다른 모양은 다른 숫자를 나타냅니다.) ●=1, ▲=9, ★=0

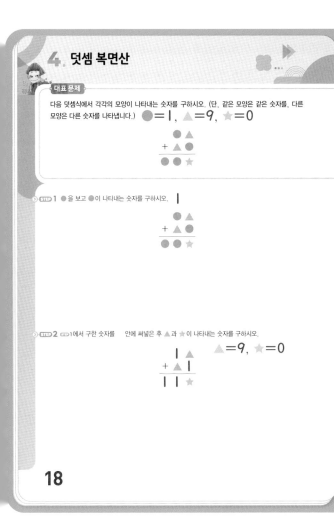

STEP 1 ●을 보고 ●이 나타내는 숫자를 구하시오. 1

STEP 2 1에서 구한 숫자를 □ 안에 써넣은 후 ▲과 ★이 나타내는 숫자를 구하시오. ▲=9, ★=0

18

정답과 풀이 07쪽

01 다음 덧셈식에서 각각의 모양이 나타내는 숫자를 구하시오.(단, 같은 모양은 같은 숫자를, 다른 모양은 다른 숫자를 나타냅니다.) ♣=5, ◆=1, ♥=4

```
    ♥ ♣ ♣
  +   ♣ ♣
  --------
    ♣ ◆ 0
```

02 다음 덧셈식에서 A+B+C+D의 값을 구하시오. (단, 같은 알파벳은 같은 숫자를, 다른 알파벳은 다른 숫자를 나타냅니다.) 18

```
    A B C
  +   C A
  -------
  C D D D
```

Lecture ··· 덧셈 복면산

· 계산식에서 숫자를 문자나 기호 모양으로 나타낸 식을 복면산이라고 합니다.
· 복면산에서 같은 모양은 같은 숫자를, 다른 모양은 다른 숫자를 나타냅니다.

```
    ♥ ▲      → 받아올림이 있으므로 ★=1
  + ♥ ▲      → ▲+▲이므로 ▲=0
  -------
  ★ ▲ ▲      → ★+♥=10이므로 ♥=5
```

19

대표 문제

STEP 1 두 자리 수와 두 자리 수의 합은 200을 넘을 수 없습니다. 따라서 ●=1입니다.

STEP 2 일의 자리 수의 합 ▲+1과 십의 자리 수의 합 1+▲는 같습니다. 따라서 일의 자리에서 십의 자리로 받아올림이 있습니다.
일의 자리 수의 합인 ▲+1이 받아올림이 있으려면 9+1=10인 경우 밖에 없으므로 ▲=9, ★=0을 나타냅니다.

```
    1 ▲              1 9
  + ▲ 1      →     + 9 1
  -------          -------
  1 1 ★            1 1 0
```

01 일의 자리 계산에서 ♣+♣의 합의 일의 자리 숫자가 0이 되려면, ♣=0 또는 ♣=5이어야 합니다. 그런데 ♣은 계산 결과가 백의 자리에도 사용되었으므로 0이 될 수 없습니다. 따라서 ♣=5입니다.

```
    ♥ 5 5
  +   5 5
  -------
  5 ◆ 0
```

십의 자리 계산에서 1+5+5=11이므로 ◆=1입니다.
백의 자리 계산에서 1+♥=5이므로 ♥=4입니다.

02 계산 결과의 천의 자리에 숫자가 있으므로 C=1입니다.

```
    A B 1
  +   1 A
  -------
  1 D D D
```

백의 자리 계산에서 받아올림이 있어야 하므로 A=9, D=0입니다.

```
    9 B 1
  +   1 9
  -------
  1 0 0 0
```

십의 자리 계산에서 1+B+1=10이므로 B=8입니다.
따라서 A+B+C+D=9+8+1+0=18입니다.

5. 곱셈 복면산

대표문제

다음 곱셈식에서 각각의 모양이 나타내는 숫자를 구하시오. (단, 같은 모양은 같은 숫자를, 다른 모양은 다른 숫자를 나타냅니다.) ●＝6, ★＝9

$$
\begin{array}{r}
● ● \\
\times\quad ● \\
\hline
3\ ★\ ●
\end{array}
$$

STEP 1 ●×●을 계산한 값의 일의 자리 숫자가 ●이 될 수 있는 ●을 모두 구하시오. 1, 5, 6

STEP 2 STEP1에서 구한 ●이 나타내는 숫자를 ☐ 안에 차례로 넣어 보고 다음 식을 만족하는 ●을 구하시오. 6

$$
\begin{array}{r}
☐\ ☐ \\
\times\quad ☐ \\
\hline
3\ ★\ ●
\end{array}
$$

STEP 3 STEP2에서 구한 ●이 나타내는 숫자를 이용하여 ●●×●의 값을 구한 후, ★이 나타내는 숫자를 구하시오. ★＝9

20

---

01 다음 곱셈식에서 A×B의 값을 구하시오. (단, 같은 알파벳은 같은 숫자를, 다른 알파벳은 다른 숫자를 나타냅니다.) 3

$$
\begin{array}{r}
A\ 7 \\
\times\quad A \\
\hline
B\ B\ B
\end{array}
$$

02 다음 식에서 ■, ▲, ●이 나타내는 숫자를 각각 구하시오. (단, 같은 모양은 같은 숫자를, 다른 모양은 다른 숫자를 나타냅니다.) ■＝6, ▲＝1, ●＝3

Lecture ··· 곱셈 복면산

곱셈 복면산을 해결하는 방법 중 하나로 곱의 일의 자리 숫자를 찾습니다.

▲이 될 수 있는 숫자
➡ 0, 1, 5, 6

◆이 될 수 있는 숫자
➡ 2, 3, 4, 7, 8, 9

21

대표문제

STEP 1 0×0＝0, 1×1＝1, 5×5＝25, 6×6＝36이므로 ●이 될 수 있는 수는 0, 1, 5, 6입니다.
그런데 ●＝0이면 곱이 0이 되므로 ●이 나타낼 수 있는 수는 1, 5, 6입니다.

STEP 2 ●에 1, 5, 6을 각각 넣어서 계산해 보면

$$
\begin{array}{r}
1\ 1 \\
\times\quad 1 \\
\hline
1\ 1
\end{array}
\qquad
\begin{array}{r}
5\ 5 \\
\times\quad 5 \\
\hline
2\ 7\ 5
\end{array}
\qquad
\begin{array}{r}
6\ 6 \\
\times\quad 6 \\
\hline
3\ 9\ 6
\end{array}
$$

이 중에서 계산한 값의 백의 자리가 3인 경우는 ●＝6입니다.

STEP 3 66×6＝396이므로 ★＝9입니다.

---

01 A에 2부터 9까지의 수를 넣어 식이 성립하는지 확인해 봅니다.
27×2＝54, 37×3＝111,
47×4＝188, 57×5＝285,
67×6＝402, 77×7＝539,
87×8＝696, 97×9＝873
계산한 값의 숫자가 모두 같은 식은 37×3＝111이므로 A＝3, B＝1입니다.

02 ■×■＝●■에서 ■이 나타내는 수는 1, 5, 6 중 하나입니다. 그런데 ■＝1이면 곱이 한 자리 수가 되므로 ■이 나타내는 수는 5 또는 6입니다.
■＝5일 때, ●＝2입니다.
●＋●＝■에서 2＋2＝4이므로 ■＝5가 아닙니다.
따라서 ■＝6이고,
●＋●＝6에서 ●＝3입니다.
6×▲＝6에서 ▲＝1입니다.

6. 도형이 나타내는 수

대표 문제

오른쪽과 아래쪽에 있는 수는 각 줄의 모양이 나타내는 세 수의 합입니다. □ 안에 들어갈 수를 써넣으시오. (단, 같은 모양은 같은 수, 다른 모양은 다른 수를 나타냅니다.)

STEP 1 ▲+▲+▲=6을 이용하여 ▲이 나타내는 수를 구하시오. **2**

STEP 2 ▲+◆+◆=4를 이용하여 ◆이 나타내는 수를 구하시오. **1**

STEP 3 ◆+◆+♠=5를 이용하여 ♠이 나타내는 수를 구하시오. **3**

STEP 4 ▲+♠+♠을 구하여 □ 안에 들어갈 수를 써넣으시오. **8**

22

---

01 오른쪽과 아래쪽의 수는 각 줄의 모양이 나타내는 수들의 합입니다. □ 안에 알맞은 수를 써넣으시오. (단, 같은 모양은 같은 수, 다른 모양은 다른 수를 나타냅니다.)

02 그림에서 □ 안의 수는 각 줄의 알파벳이 나타내는 두 수의 곱입니다. A, B, C가 나타내는 수를 각각 구하시오. (단, 같은 알파벳은 같은 수를, 다른 알파벳은 다른 수를 나타냅니다.) A=6, B=2, C=3

A	B	12
C	B	6
18	4	

> Lecture ··· 도형이 나타내는 수

오른쪽과 아래쪽에 있는 수는 각 줄의 모양이 나타내는 수들의 합이고, 같은 모양은 같은 수를, 다른 모양은 다른 수를 나타냅니다.

① ◆+◆=18 ➡ ◆=9
② ◆+●=12 ➡ ●=3
③ ◆+♥=10 ➡ ♥=1
④ ●+♥+★=11 ➡ ★=7

23

대표 문제

STEP 1 ▲+▲+▲=6, 2+2+2=6 ➡ ▲=2

STEP 2 ▲=2, 2+◆+◆=4,
◆+◆=2 ➡ ◆=1

STEP 3 ◆=1, 1+1+♠=5 ➡ ♠=3

STEP 4 ▲=2, ♠=3 ➡ 2+3+3=8

01

① ♥+♥+♥=15 ➡ ♥=5

③ ➡ ♥+●=7,

♥+★+♥=13, ②
5+★+5=13
➡ ★=3

5+●=7
➡ ●=2

따라서 ♥+★+●=5+3+2=10,
★+★=3+3=6입니다.

02 왼쪽 둘째 번 세로줄에서 B×B=4이므로 B=2입니다.
첫째 번 가로줄에서 A×2=12이므로 A=6입니다.
둘째 번 가로줄에서 C×2=6이므로 C=3입니다.

 ✦Creative 팩토✦

▶정답과 풀이 10쪽

01 다음 식에서 각각의 모양이 나타내는 숫자를 구하시오. (단, 같은 모양은 같은 숫자를, 다른 모양은 다른 숫자를 나타냅니다.)

(1)

$$◆ ●$$
$$● ● ●$$
$$+ ◆ ●$$
$$\overline{\quad 7 \quad}$$

(2)

$$♥ ♥$$
$$× \quad 6$$
$$\overline{1 ♠ ♥}$$

◆=2, ●=5

♥=2, ♠=3

02 다음 조건 을 만족하는 두 자리 수를 구하시오. **64**

조건
• 십의 자리 숫자는 일의 자리 숫자보다 2 큽니다.
• 십의 자리 숫자와 일의 자리 숫자를 바꾼 수와 원래 수를 더하면 110이 됩니다.

 Key Point
ⓐ ⓑ
+ ⓑ ⓐ
1 1 0

03 위쪽과 오른쪽에 있는 수는 각 줄의 모양이 나타내는 네 수의 합입니다. A＋B의 값을 구하시오. (단, 같은 모양은 같은 수를, 다른 모양은 다른 수를 나타냅니다.) **30**

16	13	10	17	
♥	◆	◆	♣	A
♥	◆	■	♣	14
♥	♥	■	♣	B
♥	◆	◆	■	12

04 다음 곱셈식에서 ■ 칸에 들어갈 숫자를 구하시오. (단, 같은 색의 칸은 같은 숫자를, 다른 색의 칸은 다른 숫자를 나타냅니다.) **7**

24

25

---

01 (1) • 일의 자리 계산에서 ●＋●＋●＝●×3입니다. 어떤 수에 3을 곱했을 때, 곱의 일의 자리 숫자가 원래 숫자와 같아지는 경우는 0×3＝0, 5×3＝15입니다.

• ●＝0일 때 일의 자리 계산에서 받아올림이 없으므로 ◆＋◆＋◆＝7이 될 수 없습니다.
●＝5일때 십의 자리 계산에서
1＋◆＋◆＋◆＝7, ◆＝2입니다.

(2) 일의 자리 계산에서 어떤 수에 6을 곱했을 때, 곱의 일의 자리 숫자가 원래 숫자와 같아지는 경우는 다음과 같습니다.
0×6＝0, 2×6＝12, 4×6＝24, 6×6＝36, 8×6＝48
♥이 될 수 있는 수는 0, 2, 4, 6, 8입니다.
이때 ♥은 0이 될 수 없고, ♥이 4, 6, 8이면 곱의 백의 자리 수가 1이 될 수 없습니다. ➡ ♥＝2
♥＝2를 넣어 계산하면 22×6＝132이므로
♠＝3입니다.

02 구해야 하는 수의 십의 자리 숫자를 ⓐ, 일의 자리 숫자를 ⓑ라고 할 때, 둘째 조건을 식으로 나타내면 다음과 같습니다.

ⓐ ⓑ
+ ⓑ ⓐ
‾‾‾‾‾
1 1 0

일의 자리 계산에서 ⓑ＋ⓐ＝10이므로
ⓐ와 ⓑ가 될 수 있는 수는 (1, 9), (2, 8), (3, 7), (4, 6), (5, 5)입니다.

첫째 조건에서 ⓑ＋2＝ⓐ이므로 ⓐ＝6, ⓑ＝4입니다.
따라서 조건을 만족하는 두 자리 수는 64입니다.

03
16	13	10	17	
♥	◆	◆	♣	A
♥	◆	■	♣	14
♥	♥	■	♣	B
♥	◆	◆	■	12

(가로줄의 합)＝(세로줄의 합)
A＋14＋B＋12＝16＋13＋10＋17
A＋B＋26＝56
A＋B＝30

04 ■＝0, 1, 5, 6이면 0×0＝0, 1×1＝1,
5×5＝25, 6×6＝36이 되어 ■과 ■에 들어갈 수가 같아지므로 ■＝0, 1, 5, 6이 될 수 없습니다.
그러므로 ■에 2, 3, 4, 7, 8, 9를 각각 넣어서 식이 성립하는지 알아봅니다.
■＝2, 3, 4, 7, 8일 때 식이 성립하지 않습니다.
■＝9일 때 19×9＝171이므로 식이 성립합니다.
따라서 ■＝7입니다.

› 정답과 풀이 11쪽

Creative 팩토

05 다음 곱셈식에서 A, B, C, D, E가 1부터 5까지의 서로 다른 숫자를 나타낼 때, 두 자리 수 DE가 나타내는 수를 구하시오. **52**

```
    A B
  ×   C
  -----
    D E
```

Key Point
먼저 1을 나타내는 알파벳을 찾습니다.

06 오른쪽에 있는 수는 각 줄의 모양이 나타내는 세 수의 곱이고, 아래쪽에 있는 수는 각 줄의 모양이 나타내는 두 수의 합입니다. ▲, ◆, ●이 나타내는 수를 각각 구하시오. (단, 같은 모양은 같은 수를, 다른 모양은 다른 수를 나타냅니다.)

▲=2, ◆=3, ●=5

07 다음 식에서 ★+●+♥+▲의 값을 구하시오. (단, 같은 모양은 같은 수를, 다른 모양은 다른 수를 나타냅니다.) **10**

08 다음 덧셈식에서 A×B×C의 값을 구하시오. (단, 같은 알파벳은 같은 숫자를, 다른 알파벳은 다른 숫자를 나타냅니다.) **32**

```
    A B C
    A B C
  + A B C
  -------
    B B B
```

26

27

05 ① B 또는 C가 1이면 B 또는 C가 E와 같아지므로, B와 C는 1이 아닙니다.
또, 1, 2, 3, 4, 5 중에서 2개의 서로 다른 수를 곱했을 때, 곱의 일의 자리 숫자가 1이 될 수 없으므로 E도 1이 아닙니다. 그리고 C가 1이 아니므로 곱의 십의 자리 숫자 D도 1이 아닙니다. ➡ A=1

② 곱의 일의 자리 숫자를 볼 때, B, C, E에 들어갈 수 있는 수는 다음과 같습니다.

```
    A B        1 3        1 4
  ×   C   ➡  ×   4      ×   3
  -----      -----      -----
    D E        D 2        D 2
```

이때, 둘째 번 식에서 D=4이므로 B가 나타내는 수와 같아집니다. 따라서 조건을 만족하는 식은 13×4=52이므로 DE가 나타내는 수는 52입니다.

06

① ▲+◆=5가 될 수 있는 수는 (1, 4), (2, 3), (3, 2), (4, 1)입니다. ▲×▲×◆=12를 만족하는 것은 ▲=2, ◆=3입니다.
② ◆×◆×●=45에서 ◆=3, ●=5입니다.

07 ·●×●=●+●를 만족하는 ●은 2뿐이므로 ●=2입니다.
·●+●=2+2=♥ ➡ ♥=4
·★+★=●=2 ➡ ★=1
·●+★=2+1=▲ ➡ ▲=3
따라서 ★+●+♥+▲=1+2+4+3=10입니다.

08 C에 1부터 차례로 숫자를 넣어 식이 성립하는지 확인합니다.
C=1일 때, B=3이므로 식이 성립하지 않습니다.
C=2일 때, B=6이므로 식이 성립하지 않습니다.
C=3일 때, B=9이므로 식이 성립하지 않습니다.
C=4일 때, B=2이므로 식이 성립하지 않습니다.
C=5일 때, B=5이므로 식이 성립하지 않습니다.
C=6일 때, B=8이므로 식이 성립하지 않습니다.
C=7일 때, B=1이므로 식이 성립하지 않습니다.
C=8일 때, B=4이고 A=1입니다.
C=9일 때, B=7이므로 식이 성립하지 않습니다.
따라서 A=1, B=4, C=8입니다.

✦Perfect 경시대회✦

▶정답과 풀이 12쪽

01 다음 |조건|을 만족하는 세 자리 수 ㉮와 ㉯가 있습니다. ㉮와 ㉯의 차가 가장 클 때, ㉮, ㉯를 각각 구하시오. (단, ㉮는 ㉯보다 더 큰 수입니다.) **㉮=620, ㉯=134**

조건
• ㉮와 ㉯는 각 자리 수의 합이 8인 세 자리 수입니다.
• ㉮와 ㉯를 이루는 6개의 수는 모두 서로 다른 수입니다.

02 다음 식에서 C가 나타내는 수를 구하시오. (단, 같은 알파벳은 같은 숫자를, 다른 알파벳은 다른 숫자를 나타냅니다.) **C=9**

$$\boxed{A}\,\boxed{B}\times\boxed{C}+\boxed{A}\,\boxed{B}=\boxed{A}\,\boxed{B}\,\boxed{0}$$

Key Point
• 두 자리 수 AB에 C를 곱한 것은 AB를 C번 더한 것과 같습니다.
• AB0=AB×10

28

03 0부터 9까지의 수 중 6개를 사용하여 2개의 세 자리 수를 만들려고 합니다. 만든 두 수의 차가 가장 작은 경우는 모두 몇 가지인지 구하시오. **5가지**

04 안에 알맞은 수를 써넣어 식을 완성해 보시오. (단, 같은 알파벳은 같은 숫자를, 다른 알파벳은 다른 숫자를 나타냅니다.)

```
      A B
  ×   B A
    5 0 4
  1 4 4
  1 9 4 4
```

29

---

01 서로 다른 세 수를 더해 8이 되는 경우를 찾아보면 다음과 같습니다.
(0, 1, 7), (0, 2, 6), (0, 3, 5), (1, 2, 5), (1, 3, 4)
위의 수를 이용하여 같은 수가 중복되지 않도록 차가 가장 큰 뺄셈식을 만들면 620−134=486입니다.
이때 ㉮가 ㉯보다 크므로 ㉮=620, ㉯=134입니다.

02 두 자리 수 AB에 C를 곱한 것은 AB를 C번 더한 것과 같습니다.
$$AB\times C=\underbrace{AB+AB+AB+AB+\cdots+AB}_{C번}$$
등호의 양쪽에 AB를 1번 더 더하면
$$AB\times C+AB=\underbrace{AB+AB+AB+AB+\cdots+AB+AB}_{C+1번}$$
AB를 (C+1)번 더한 것과 같습니다.
문제에서 등호의 오른쪽에 있는 AB0은 AB×10이므로 AB를 10번 더한 것과 같습니다.
따라서 왼쪽 식은 AB를 (C+1)번, 오른쪽 식은 AB를 10번 더한 것이므로 C+1=10, C=9입니다.

03 세 자리 수끼리의 뺄셈에서 차가 가장 작으려면 백의 자리에 차가 가장 작은 두 수를 넣어야 합니다.
두 수의 차가 1일 때 차가 가장 작으므로 백의 자리에 (1, 2), (2, 3), (3, 4), (4, 5), (5, 6), (6, 7), (7, 8), (8, 9)를 넣어 뺄셈식을 만들어 봅니다.
203−198=5, 301−298=3, 401−398=3,
501−498=3, 601−598=3, 701−698=3,
801−796=5, 901−876=25
따라서 차가 3일 때 가장 작고 그 경우는 모두 5가지입니다.

04 A×B=□4가 되는 경우는 2×7=14, 3×8=24, 4×6=24, 6×9=54이고, B×B=□4가 되는 경우는 2×2=4, 8×8=64이므로 A와 B에 (7,2), (3,8)을 넣어 답이 되는지 확인해 봅니다.

```
      A B               7 2
  ×   B A           ×   2 7
      0 4      →       5 0 4
      4               1 4 4
      4 4             1 9 4 4
```

따라서 A=7, B=2일 때 식이 성립합니다.

✦ Challenge 영재교육원 ✦

01 주어진 숫자 카드 중 5장을 사용하여 (두 자리 수)×(한 자리 수)=(두 자리 수)의 곱셈식을 만들려고 합니다. 만들 수 있는 방법을 모두 찾아 식을 완성해 보시오.

$$\boxed{2}\ \boxed{2}\ \boxed{4}\ \boxed{4}\ \boxed{8}\ \boxed{8}$$

방법1
$$\begin{array}{r} 2\,2 \\ \times\quad 4 \\ \hline 8\,8 \end{array}$$

방법2
$$\begin{array}{r} 4\,4 \\ \times\quad 2 \\ \hline 8\,8 \end{array}$$

방법3
$$\begin{array}{r} 2\,4 \\ \times\quad 2 \\ \hline 4\,8 \end{array}$$

방법4
$$\begin{array}{r} 4\,2 \\ \times\quad 2 \\ \hline 8\,4 \end{array}$$

02 다음과 같이 주어진 낱말의 뜻이 자연스럽게 연결되고 식도 올바른 경우를 이중 복면산이라고 합니다. 새로운 이중 복면산을 만들어 보시오.

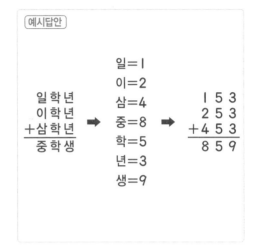

$$\begin{array}{r} \text{친 구} \\ \text{친 구} \\ +\ \text{친 구} \\ \hline \text{세 친 구} \end{array} \Rightarrow \begin{array}{l} \text{친}=5 \\ \text{구}=0 \\ \text{세}=1 \end{array} \Rightarrow \begin{array}{r} 5\,0 \\ 5\,0 \\ +\ 5\,0 \\ \hline 1\,5\,0 \end{array}$$

예시답안

$$\begin{array}{r} \text{일 학 년} \\ \text{이 학 년} \\ +\text{삼 학 년} \\ \hline \text{중 학 생} \end{array} \Rightarrow \begin{array}{l} \text{일}=1 \\ \text{이}=2 \\ \text{삼}=4 \\ \text{중}=8 \\ \text{학}=5 \\ \text{년}=3 \\ \text{생}=9 \end{array} \Rightarrow \begin{array}{r} 1\,5\,3 \\ 2\,5\,3 \\ +4\,5\,3 \\ \hline 8\,5\,9 \end{array}$$

30　　　　　　　　　　　　　　　　　　　　　　**31**

---

01 먼저 주어진 숫자 카드를 사용하여
(한 자리 수)×(한 자리 수)=(한 자리 수)의 곱셈식을
만들어 보면 2×2=4, 2×4=8, 4×2=8입니다.
이를 이용하여 (두 자리 수)×(한 자리 수)=(두 자리 수)의
곱셈식을 만들어 봅니다.

02 예시답안

$$\begin{array}{r} \text{달 아} \\ \times\ \text{달 아} \\ \hline \text{코 코 아} \end{array} \Rightarrow \begin{array}{l} \text{코}=4 \\ \text{달}=2 \\ \text{아}=1 \end{array} \Rightarrow \begin{array}{r} 2\,1 \\ \times\ 2\,1 \\ \hline 4\,4\,1 \end{array}$$

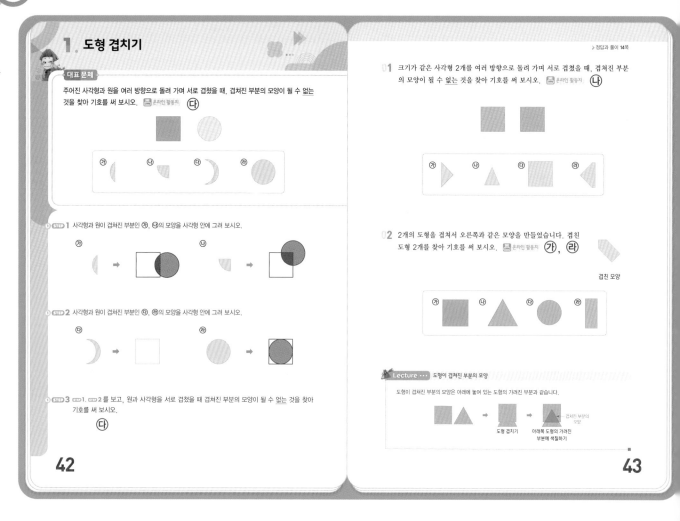

대표 문제

 1 겹쳐진 부분이 사각형 안에 들어가도록 알맞은 위치를 찾아 그립니다.

 2 겹쳐진 부분이 사각형 안에 들어가도록 알맞은 위치를 찾아 그립니다.

 3 사각형과 원을 겹쳤을 때는 나올 수 없는 모양입니다.

01 하나의 사각형 안에 겹쳐진 부분을 그리고, 나머지 부분을 이어서 남은 사각형을 완성해 봅니다.

02 겹쳐진 부분의 모양의 특징을 보고 어떤 도형을 겹쳤는지 찾아봅니다.

직각이 3개이고,
곧은 선으로 이루어져
있으므로 정사각형과
직사각형을 겹쳤습니다.

2. 특이한 모양의 위, 앞, 옆

대표 문제

다음 모양을 보고 위, 앞, 옆에서 본 모양을 각각 그려 보시오.

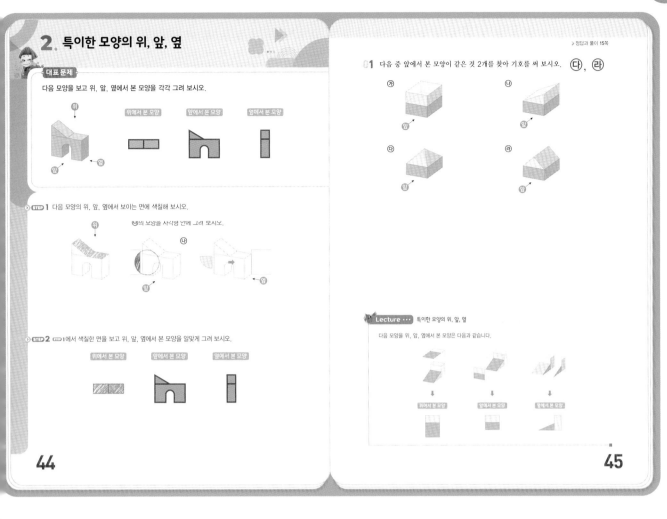

> STEP 1 다음 모양의 위, 앞, 옆에서 보이는 면에 색칠해 보시오.

> STEP 2 STEP 1에서 색칠한 면을 보고 위, 앞, 옆에서 본 모양을 알맞게 그려 보시오.

> 정답과 풀이 15쪽

01 다음 중 앞에서 본 모양이 같은 것 2개를 찾아 기호를 써 보시오. ㉰, ㉣

Lecture ··· 특이한 모양의 위, 앞, 옆

다음 모양을 위, 앞, 옆에서 본 모양은 다음과 같습니다.

44

45

대표 문제

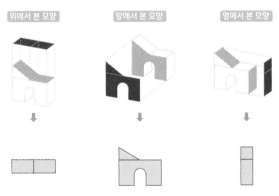

STEP 2 화살표의 방향에 따라 위, 앞, 옆에서 보이는 면에 색칠하면 다음과 같습니다.

01 앞에서 보았을 때의 모양을 그리면 다음과 같고, 앞에서 본 모양이 같은 것은 ㉰와 ㉣입니다.

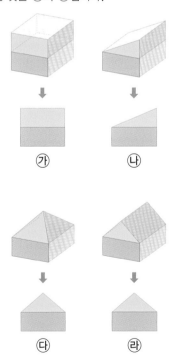

3 주사위의 맞닿은 면

▶정답과 풀이 16쪽

대표문제

주어진 주사위를 맞닿은 두 면의 눈의 수의 합이 6이 되도록 이어 붙였을 때, 분홍색으로 칠한 면의 눈의 수를 구해 보시오. (단, 주사위의 마주 보는 두 면의 눈의 수의 합은 7입니다.) **3**

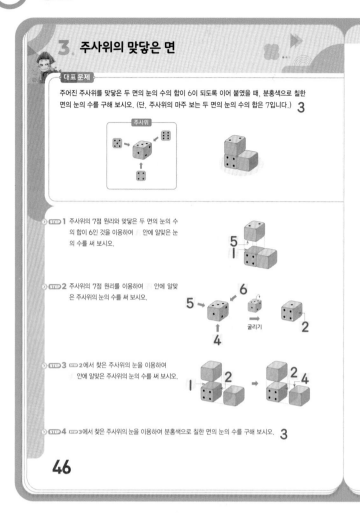

> **STEP 1** 주사위의 7점 원리와 맞닿은 두 면의 눈의 수의 합이 6인 것을 이용하여 ☐ 안에 알맞은 눈의 수를 써 보시오.

> **STEP 2** 주사위의 7점 원리를 이용하여 ☐ 안에 알맞은 주사위의 눈의 수를 써 보시오.

> **STEP 3** 2에서 찾은 주사위의 눈을 이용하여 ☐ 안에 알맞은 주사위의 눈의 수를 써 보시오.

> **STEP 4** 3에서 찾은 주사위의 눈을 이용하여 분홍색으로 칠한 면의 눈의 수를 구해 보시오. **3**

46

---

01 맞닿은 두 면의 눈의 수의 합이 8인 주사위 4개를 붙여 만든 오른쪽 모양을 보고, 바닥면을 포함하여 겹쳐져서 보이지 않는 면의 눈의 수의 합을 구해 보시오. (단, 주사위의 마주 보는 두 면의 눈의 수의 합은 7입니다.) **27**

02 주어진 주사위를 맞닿은 두 면의 눈의 수의 합이 7이 되도록 이어 붙였을 때, 분홍색으로 칠한 면의 눈의 수를 구해 보시오. (단, 주사위의 마주 보는 두 면의 눈의 수의 합은 7입니다.) **1**

🔺 **Lecture ···** 주사위의 맞닿은 면

· 주사위의 7점 원리: 주사위의 마주 보는 두 면의 눈의 수의 합은 항상 7입니다.
· 주사위의 7점 원리를 이용하여 가장 아래에 있는 주사위의 바닥면의 눈의 수를 구할 수 있습니다.

맞닿은 두 면의 눈의 수의 합: 9 → ① 7점 원리 이용 → ② 맞닿은 두 면의 눈의 수의 합: 9 → ③ 7점 원리 이용

바닥면의 눈의 수: 2

47

대표문제

STEP 1 주사위의 마주 보는 면의 눈의 수의 합은 7이고, 맞닿은 두 면의 눈의 수의 합은 6입니다.

① 7점 원리
② 눈의 수의 합: 6

STEP 3 STEP 2에서 눈의 수가 4인 면이 앞으로 오도록 돌려 색칠한 면의 눈의 수를 구합니다.

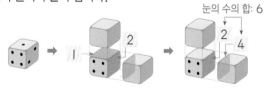

눈의 수의 합: 6

STEP 4 분홍색으로 칠한 면은 눈의 수가 4인 면과 마주 보는 면이므로 눈의 수는 3입니다.

7점 원리

01

① 7점 원리
② 눈의 수의 합: 8
③ 7점 원리
④ 눈의 수의 합: 8
⑤ 7점 원리
⑥ 눈의 수의 합: 8
⑦ 7점 원리

02

③ 굴리기

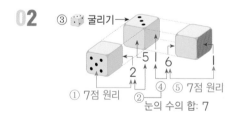

① 7점 원리
② 눈의 수의 합: 7
④ ⑤ 7점 원리

+ Creative 팩토 +

▷정답과 풀이 17쪽

01 크기가 같은 2개의 사각형을 여러 방향으로 돌려 가며 서로 겹쳤을 때, 겹쳐진 부분의 모양이 될 수 <u>없는</u> 것을 찾아 기호를 써 보시오. 🖥온라인 활동지 ㉰

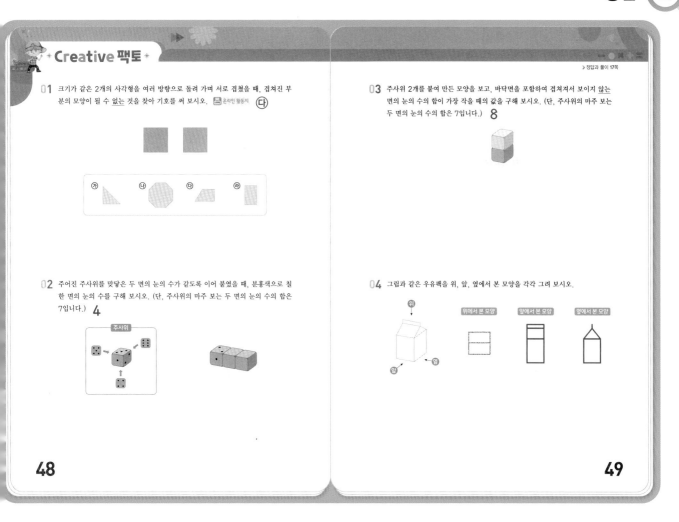

02 주어진 주사위를 맞닿은 두 면의 눈의 수가 같도록 이어 붙였을 때, 분홍색으로 칠한 면의 눈의 수를 구해 보시오. (단, 주사위의 마주 보는 두 면의 눈의 수의 합은 7입니다.) 4

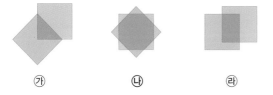

03 주사위 2개를 붙여 만든 모양을 보고, 바닥면을 포함하여 겹쳐져서 보이지 <u>않는</u> 면의 눈의 수의 합이 가장 작을 때의 값을 구해 보시오. (단, 주사위의 마주 보는 두 면의 눈의 수의 합은 7입니다.) 8

04 그림과 같은 우유팩을 위, 앞, 옆에서 본 모양을 각각 그려 보시오.

위에서 본 모양   앞에서 본 모양   옆에서 본 모양

48

49

---

1 하나의 사각형 안에 겹쳐진 부분을 그리고, 나머지 부분을 이어서 남은 사각형을 완성해 봅니다.

㉮   ㉯   ㉰

2 주사위의 모양, 주사위의 7점 원리, 맞닿은 두 면의 눈의 수가 같음을 이용하여 분홍색으로 칠한 면의 눈의 수를 구합니다.

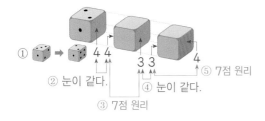

① → ② 눈이 같다. 4 4 ③ 7점 원리 3 3 ④ 눈이 같다. 4 ⑤ 7점 원리

3 파란색 주사위의 바닥면과 윗면의 눈의 수의 합은 7입니다. 이때 세 면의 눈의 수의 합이 가장 작은 수가 되려면 노란색 주사위의 아랫면의 눈의 수는 1이어야 합니다.

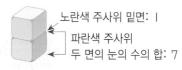

노란색 주사위 밑면: 1
파란색 주사위
두 면의 눈의 수의 합: 7

➡ 보이지 않는 면의 눈의 수의 합: 1+7=8

4 위, 앞, 옆에서 보이는 부분에 색칠하고, 위, 앞, 옆에서 본 모양을 그려 봅니다.

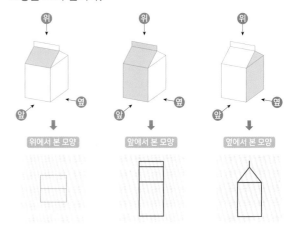

위에서 본 모양   앞에서 본 모양   옆에서 본 모양

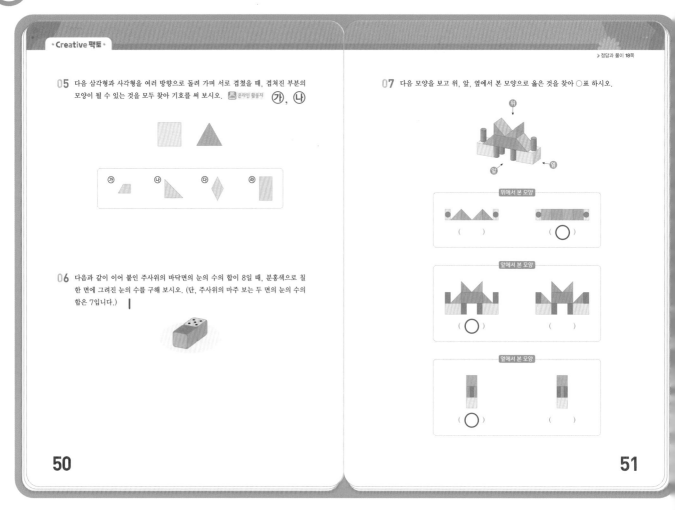

> 정답과 풀이 18쪽

05 다음 삼각형과 사각형을 여러 방향으로 돌려 가며 서로 겹쳤을 때, 겹쳐진 부분의 모양이 될 수 있는 것을 모두 찾아 기호를 써 보시오. 온라인 활동지 **가, 나**

06 다음과 같이 이어 붙인 주사위의 바닥면의 눈의 수의 합이 8일 때, 분홍색으로 칠한 면에 그려진 눈의 수를 구해 보시오. (단, 주사위의 마주 보는 두 면의 눈의 수의 합은 7입니다.)

07 다음 모양을 보고 위, 앞, 옆에서 본 모양으로 옳은 것을 찾아 ○표 하시오.

50

51

05 사각형 안에 겹쳐진 부분을 그리고, 나머지 부분을 이어서 삼각형을 완성해 봅니다.

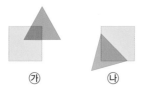

06 주사위의 모양, 주사위의 7점 원리, 맞닿은 두 면의 눈의 수의 합이 8임을 이용하여 분홍색으로 칠한 면의 눈의 수를 구합니다.

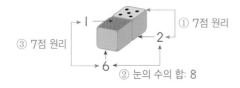

07 화살표의 방향에 따라 위, 앞, 옆에서 보이는 모양을 그려 봅니다.

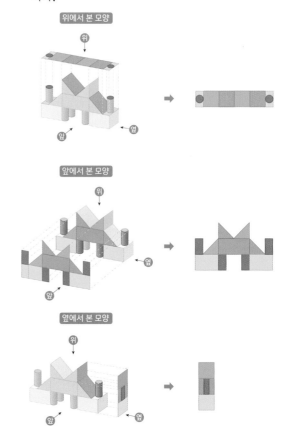

4. 색종이 자르기

▶ 정답과 풀이 19쪽

대표 문제

다음과 같이 색종이를 접어 검은색 선을 따라 자른 후 펼쳤을 때 나오는 삼각형과 사각형은 각각 몇 개인지 구해 보시오. 🖥 온라인 활동지

삼각형: 3개, 사각형: 1개

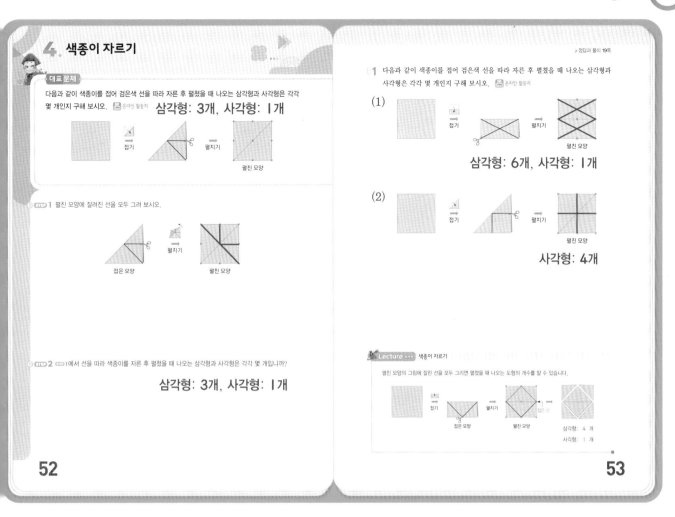

> **STEP 1** 펼친 모양에 잘려진 선을 모두 그려 보시오.

접은 모양 → 펼치기 → 펼친 모양

> **STEP 2** 1에서 선을 따라 색종이를 자른 후 펼쳤을 때 나오는 삼각형과 사각형은 각각 몇 개입니까?

삼각형: 3개, 사각형: 1개

---

01 다음과 같이 색종이를 접어 검은색 선을 따라 자른 후 펼쳤을 때 나오는 삼각형과 사각형은 각각 몇 개인지 구해 보시오. 🖥 온라인 활동지

(1)

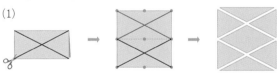

접기 → 펼치기 → 펼친 모양

삼각형: 6개, 사각형: 1개

(2)

접기 → 펼치기 → 펼친 모양

사각형: 4개

Lecture ··· 색종이 자르기

펼친 모양의 그림에 잘린 선을 모두 그리면 펼쳤을 때 나오는 도형의 개수를 알 수 있습니다.

접기 → 접은 모양 → 펼치기 → 펼친 모양

삼각형: 4 개
사각형: 1 개

대표 문제

STEP 1 접은 선을 기준으로 양쪽이 대칭이 되도록 잘려진 선을 그립니다.

STEP 2 접은 선과 자른 선을 혼동하지 않도록 합니다.

삼각형: 3개
사각형: 1개

---

01 접은 선을 기준으로 양쪽이 대칭이 되도록 잘려진 선을 그려 삼각형과 사각형의 개수를 구합니다.

(1)

삼각형: 6개
사각형: 1개

(2)

사각형: 4개

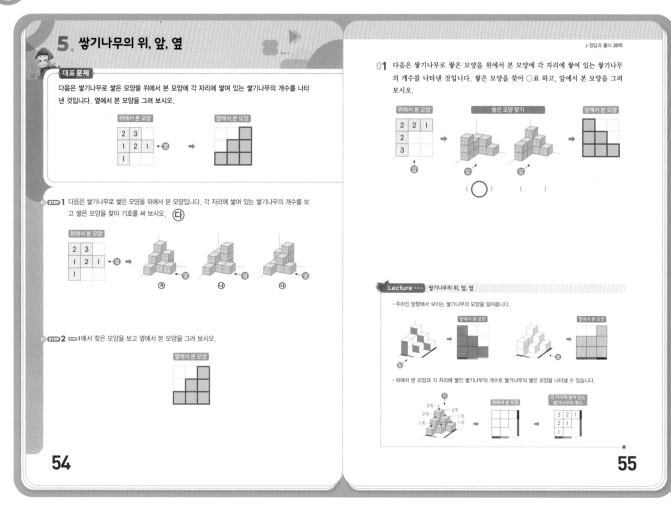

대표 문제

STEP 1 위에서 본 모양과 각 자리에 쌓여 있는 쌓기나무의 수를 구해보면 주어진 모양은 ㉰임을 알 수 있습니다.

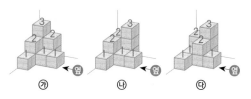

STEP 2 옆에서 보이는 부분에 색칠하고, 옆에서 본 모양을 그립니다.

01 위에서 본 모양은 같으므로 각 자리에 쌓여 있는 쌓기나무의 개수를 비교합니다.

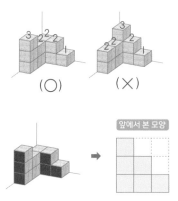

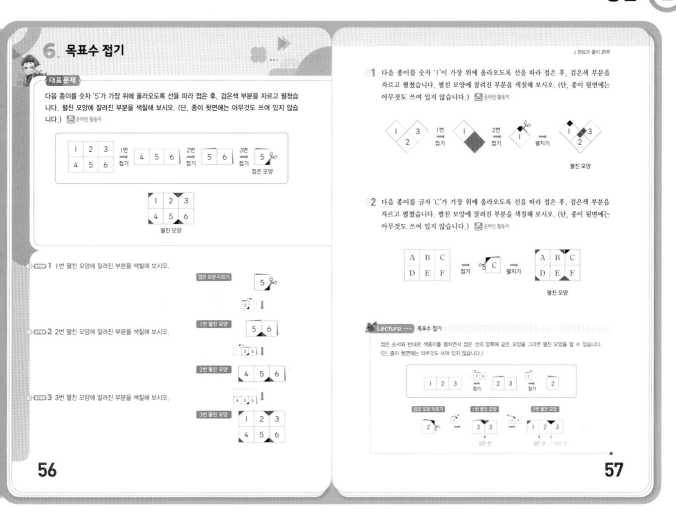

6. 목표수 접기

대표 문제

다음 종이를 숫자 '5'가 가장 위에 올라오도록 선을 따라 접은 후, 검은색 부분을 자르고 펼쳤습니다. 펼친 모양에 잘려진 부분을 색칠해 보시오. (단, 종이 뒷면에는 아무것도 쓰여 있지 않습니다.)

STEP 1 1번 펼친 모양에 잘려진 부분을 색칠해 보시오.

STEP 2 2번 펼친 모양에 잘려진 부분을 색칠해 보시오.

STEP 3 3번 펼친 모양에 잘려진 부분을 색칠해 보시오.

01 다음 종이를 숫자 '1'이 가장 위에 올라오도록 선을 따라 접은 후, 검은색 부분을 자르고 펼쳤습니다. 펼친 모양에 잘려진 부분을 색칠해 보시오. (단, 종이 뒷면에는 아무것도 쓰여 있지 않습니다.)

02 다음 종이를 글자 'C'가 가장 위에 올라오도록 선을 따라 접은 후, 검은색 부분을 자르고 펼쳤습니다. 펼친 모양에 잘려진 부분을 색칠해 보시오. (단, 종이 뒷면에는 아무것도 쓰여 있지 않습니다.)

Lecture ··· 목표수 접기

접은 순서와 반대로 색종이를 펼치면서 접은 선의 양쪽에 같은 모양을 그리면 펼친 모양을 알 수 있습니다. (단, 종이 뒷면에는 아무것도 쓰여 있지 않습니다.)

대표 문제

STEP 1 접은 선을 기준으로 양쪽에 같은 모양을 그리면 펼친 모양을 알 수 있습니다.

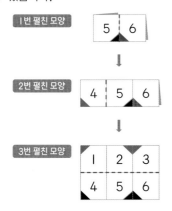

01 차례로 펼쳐가며 잘려진 부분을 색칠합니다.

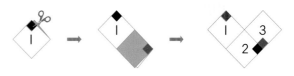

02 접은 선을 기준으로 대칭이 되도록 잘려진 부분을 색칠합니다.

Creative 팩토

▶정답과 풀이 22쪽

01 다음과 같이 색종이를 접어 검은색 선을 따라 자른 후 펼쳤을 때 나오는 삼각형과
사각형의 개수의 합을 구해 보시오. 온라인 활동지 **5**

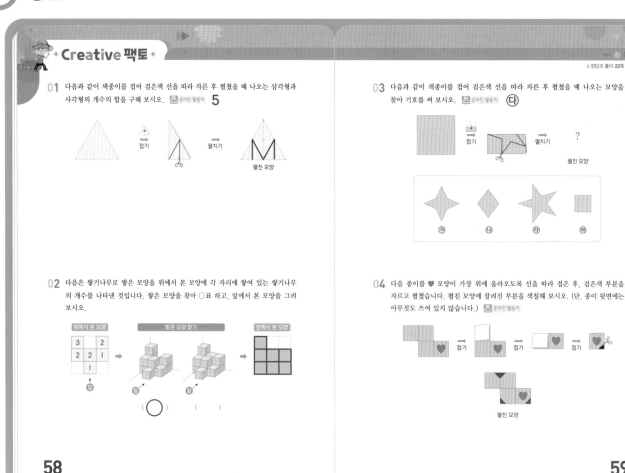

02 다음은 쌓기나무로 쌓은 모양을 위에서 본 모양에 각 자리에 쌓여 있는 쌓기나무
의 개수를 나타낸 것입니다. 쌓은 모양을 찾아 ○표 하고, 앞에서 본 모양을 그려
보시오.

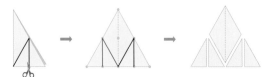

03 다음과 같이 색종이를 접어 검은색 선을 따라 자른 후 펼쳤을 때 나오는 모양을
찾아 기호를 써 보시오. 온라인 활동지 **㉰**

04 다음 종이를 ♥ 모양이 가장 위에 올라오도록 선을 따라 접은 후, 검은색 부분을
자르고 펼쳤습니다. 펼친 모양에 잘려진 부분을 색칠해 보시오. (단, 종이 뒷면에는
아무것도 쓰여 있지 않습니다.) 온라인 활동지

01 접은 선을 기준으로 양쪽이 대칭이 되도록 잘려진 선을 그립
니다.

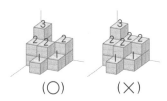

삼각형: 4개
사각형: 1개

02 위에서 본 모양과 각 자리에 쌓여 있는 쌓기나무의 개수를
비교합니다.

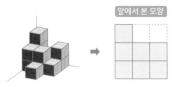

(○)　　　(×)

앞에서 보이는 부분에 색칠하여 앞에서 본 모양을 그립니다.

03 접은 선을 기준으로 양쪽이 대칭이 되도록 잘려진 선을 그립
니다.

04 차례로 펼쳐가며 잘려진 부분을 색칠합니다.

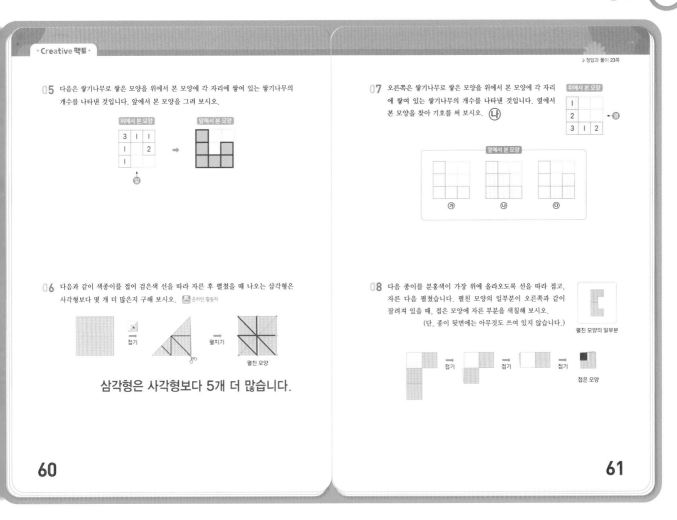

▶ 정답과 풀이 23쪽

05 다음은 쌓기나무로 쌓은 모양을 위에서 본 모양에 각 자리에 쌓여 있는 쌓기나무의 개수를 나타낸 것입니다. 앞에서 본 모양을 그려 보시오.

06 다음과 같이 색종이를 접어 검은색 선을 따라 자른 후 펼쳤을 때 나오는 삼각형은 사각형보다 몇 개 더 많은지 구해 보시오. 온라인 활동지

삼각형은 사각형보다 5개 더 많습니다.

07 오른쪽은 쌓기나무로 쌓은 모양을 위에서 본 모양에 각 자리에 쌓여 있는 쌓기나무의 개수를 나타낸 것입니다. 옆에서 본 모양을 찾아 기호를 써 보시오. **㉯**

08 다음 종이를 분홍색이 가장 위에 올라오도록 선을 따라 접고, 자른 다음 펼칩니다. 펼친 모양의 일부분이 오른쪽과 같이 잘려져 있을 때, 접은 모양에 자른 부분을 색칠해 보시오.
(단, 종이 뒷면에는 아무것도 쓰여 있지 않습니다.)

---

05 위에서 본 모양의 앞 각 줄에서 보이는 가장 큰 쌓기나무의 수를 찾아 옆에서 본 모양을 그립니다.

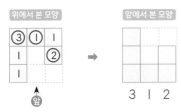

06 접은 선을 기준으로 양쪽이 대칭이 되도록 잘려진 선을 그립니다.

삼각형: 6개
사각형: 1개

07 위에서 본 모양의 오른쪽 옆 각 줄에서 보이는 가장 큰 쌓기나무의 수를 찾아 옆에서 본 모양을 찾으면 ㉯임을 알 수 있습니다.

08 펼친 모양의 일부분에서 잘려진 모습을 보고 차례로 접어가며 잘려진 부분을 색칠합니다.

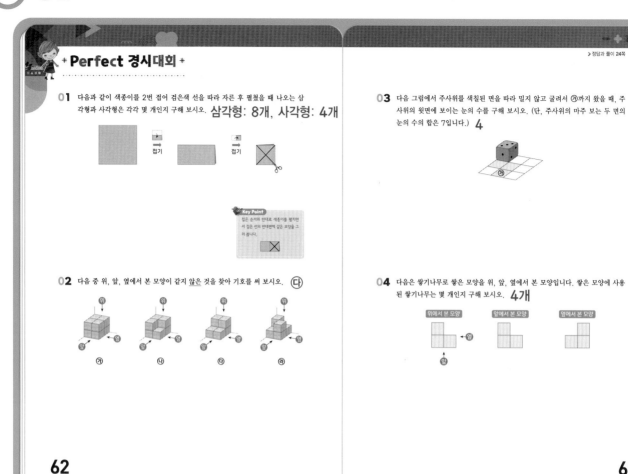

Perfect 경시대회

> 정답과 풀이 24쪽

01 다음과 같이 색종이를 2번 접어 검은색 선을 따라 자른 후 펼쳤을 때 나오는 삼각형과 사각형은 각각 몇 개인지 구해 보시오. **삼각형: 8개, 사각형: 4개**

접기 → 접기 →

Key Point
접은 순서와 반대로 색종이를 펼치면서 접은 선의 반대편에 같은 모양을 그려 봅니다.

03 다음 그림에서 주사위를 색칠된 면을 따라 밀지 않고 굴려서 ㉮까지 왔을 때, 주사위의 윗면에 보이는 눈의 수를 구해 보시오. (단, 주사위의 마주 보는 두 면의 눈의 수의 합은 7입니다.) **4**

02 다음 중 위, 앞, 옆에서 본 모양이 같지 않은 것을 찾아 기호를 써 보시오. **㉡**

㉠ ㉡ ㉢ ㉣

04 다음은 쌓기나무로 쌓은 모양을 위, 앞, 옆에서 본 모양입니다. 쌓은 모양에 사용된 쌓기나무는 몇 개인지 구해 보시오. **4개**

위에서 본 모양 ← 옆   앞에서 본 모양   옆에서 본 모양
↑ 앞

62

63

---

01 접은 선을 기준으로 양쪽이 대칭이 되도록 잘려진 선을 그립니다.

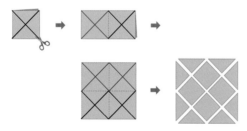

→ → →

삼각형: 8개
사각형: 4개

02

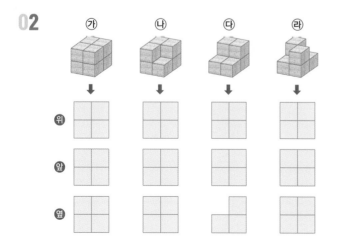

㉮ ㉯ ㉰ ㉱
↓ ↓ ↓ ↓
위
앞
옆

03 주사위의 모양, 주사위의 7점 원리를 이용하여 주사위를 ㉮까지 굴렸을 때의 모양을 알아봅니다.

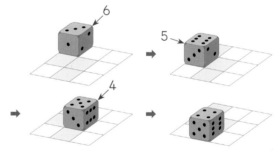

6 → 5
→ 4 →

04 위에서 본 모양의 아래쪽에는 앞에서 본 모양의 개수를 쓰고, 오른쪽에는 오른쪽 옆에서 본 모양의 개수를 씁니다.

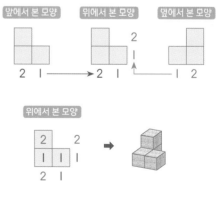

앞에서 본 모양   위에서 본 모양   옆에서 본 모양
2
2 ┃ → 2 ┃ → ┃ 2
↑ 앞

위에서 본 모양
2 2
┃ ┃ ┃ →
2 ┃

Challenge 영재교육원 *

▶정답과 풀이 25쪽

01 투명한 눈금 종이에 다음과 같은 그림이 그려져 있습니다. 물음에 답해 보시오.
(단, 결승선에 가까울수록 더 빨리 도착합니다.)

02 투명한 쌓기나무 12개를 그림과 같이 쌓았습니다. 그중 몇 개를 색깔이 있는 쌓기나무로 바꾸어 넣었을 때, 위와 앞에서 본 모양을 보고 옆에서 본 모양을 그려 보시오.

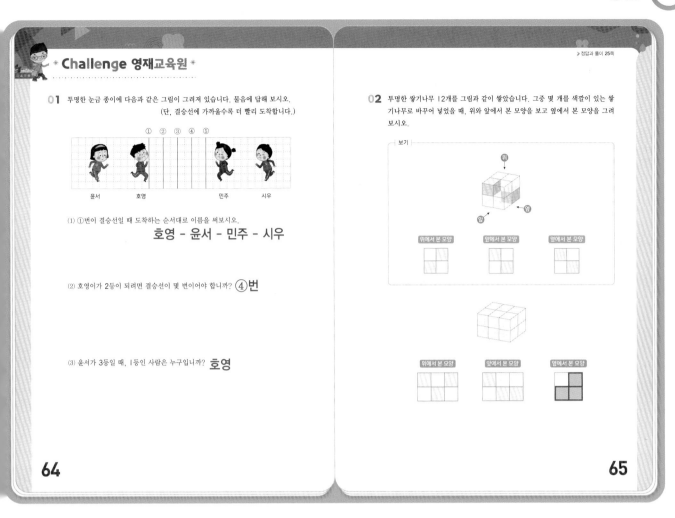

(1) ①번이 결승선일 때 도착하는 순서대로 이름을 써보시오.

호영 - 윤서 - 민주 - 시우

(2) 호영이가 2등이 되려면 결승선이 몇 번이어야 합니까? **④번**

(3) 윤서가 3등일 때, 1등인 사람은 누구입니까? **호영**

64

65

---

01 눈금의 칸을 센 후, 그 차를 이용하여 문제를 해결합니다. 각 선을 접는 선으로 하여 접었을 때의 모양을 생각해 봅니다.

(1) ①번을 기준으로 접었을 때 ①번에 가까이 있는 순서는 호영, 윤서, 민주, 시우입니다.

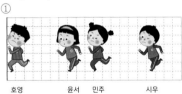

(2) 호영이가 2등이 되려면 민주가 1등이어야 하므로, 호영이보다 민주에게 가까이 있는 ④번 선으로 접어 봅니다.

(3) 윤서가 3등이 되려면 시우보다 결승선에 가까이 있어야 하므로, ③번 선으로 접어 봅니다.

따라서 윤서가 3등일 때 1등인 사람은 호영입니다.

02 위에서 본 모양과 앞에서 본 모양을 보고, 겹치는 부분을 색깔이 있는 쌓기나무로 바꾼 다음 옆에서 본 모양을 그립니다.

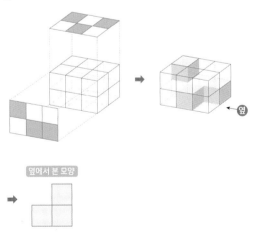

1. 길의 가짓수

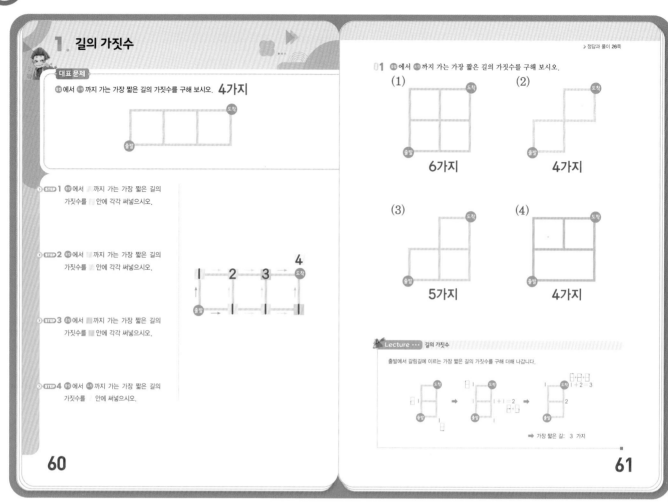

대표 문제

STEP 1

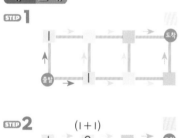

STEP 2

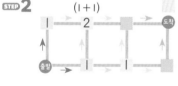

STEP 3

STEP 4

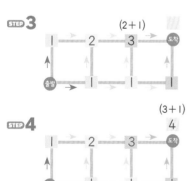

01

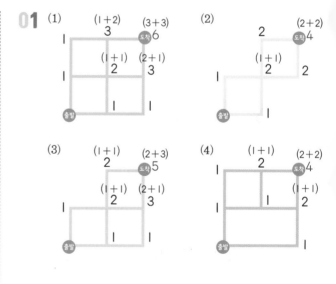

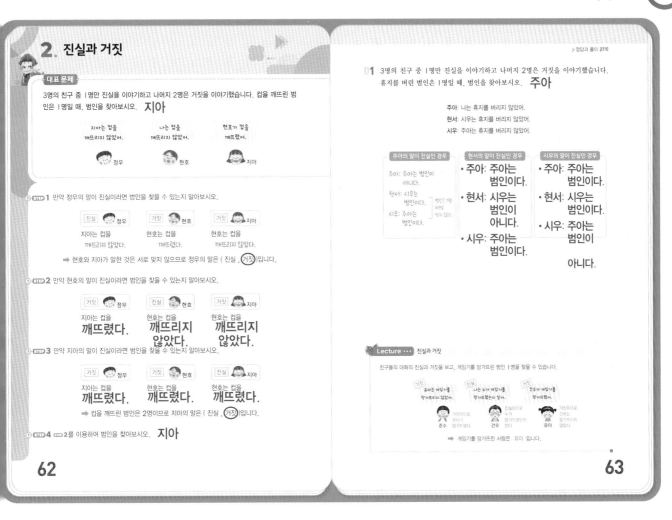

대표 문제

STEP 1 정우의 말이 진실인 경우

정우: 진실 ➡ 지아는 컵을 깨뜨리지 않았다.

현호: 거짓 ➡ 현호는 컵을 깨뜨렸다.

지아: 거짓 ➡ 현호는 컵을 깨뜨리지 않았다.

현호와 지아의 말이 서로 맞지 않으므로 정우의 말은 거짓입니다.

STEP 2 현호의 말이 진실인 경우

정우: 거짓 ➡ 지아는 컵을 깨뜨렸다.

현호: 진실 ➡ 현호는 컵을 깨뜨리지 않았다.

지아: 거짓 ➡ 현호는 컵을 깨뜨리지 않았다.

STEP 3 지아의 말이 진실인 경우

정우: 거짓 ➡ 지아는 컵을 깨뜨렸다.

현호: 진실 ➡ 현호는 컵을 깨뜨렸다.

지아: 거짓 ➡ 현호는 컵을 깨뜨리지 않았다.

컵을 깨뜨린 범인은 2명이므로 지아의 말은 거짓입니다.

STEP 4 현호의 말이 진실이므로 범인은 지아입니다.

01 • 주아의 말이 진실인 경우

주아: 진실 ➡ 주아는 휴지를 버리지 않았다.

현서: 거짓 ➡ 시우는 휴지를 버렸다.

시우: 거짓 ➡ 주아는 휴지를 버렸다.

➡ 범인은 1명이어야 하므로 맞지 않습니다.

• 현서의 말이 진실인 경우

주아: 거짓 ➡ 주아는 휴지를 버렸다.

현서: 진실 ➡ 시우는 휴지를 버리지 않았다.

시우: 거짓 ➡ 주아는 휴지를 버렸다.

➡ 범인은 주아입니다.

• 시우의 말이 진실인 경우

주아: 거짓 ➡ 주아는 휴지를 버렸다.

현서: 거짓 ➡ 시우는 휴지를 버렸다.

시우: 진실 ➡ 주아는 휴지를 버리지 않았다.

➡ 주아와 시우의 말이 서로 맞지 않습니다.

따라서 현서의 말이 진실이므로 범인은 주아입니다.

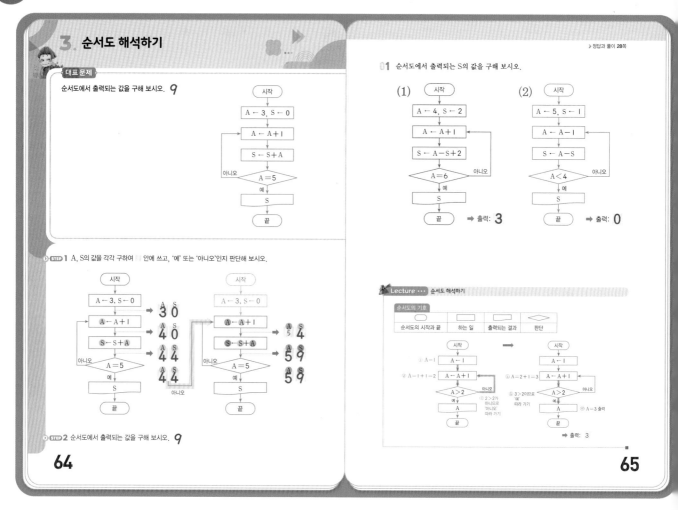

대표 문제

STEP 1

STEP 2 순서도에서 출력되는 값은 9입니다.

01 (1)

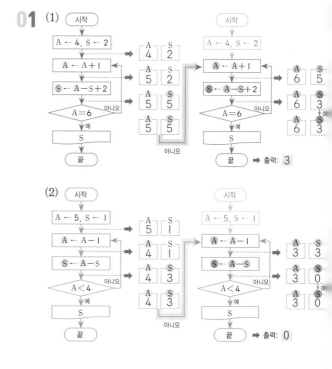

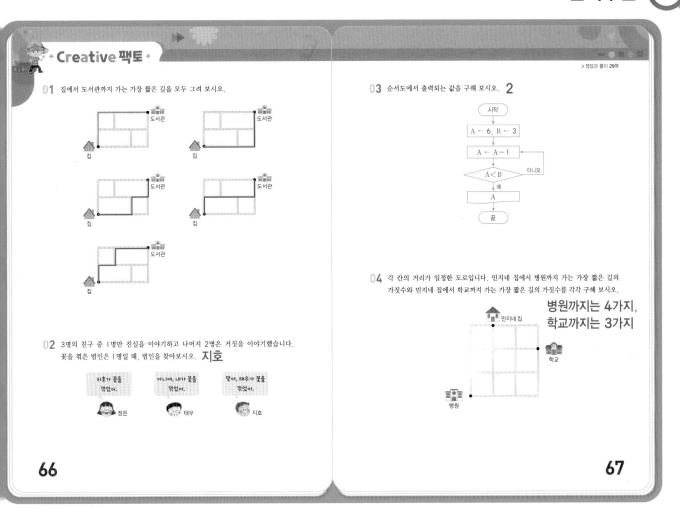

▶ 정답과 풀이 29쪽

01 집에서 도서관까지 가는 가장 짧은 길을 모두 그려 보시오.

02 3명의 친구 중 1명만 진실을 이야기하고 나머지 2명은 거짓을 이야기했습니다. 꽃을 꺾은 범인은 1명일 때, 범인을 찾아보시오. **지호**

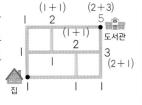

지호가 꽃을 꺾었어. 정은

아니야, 내가 꽃을 꺾었어. 태우

맞아, 태우가 꽃을 꺾었어. 지호

03 순서도에서 출력되는 값을 구해 보시오. **2**

```
시작
A ← 6, B ← 3
A ← A - 1
A < B   아니오
예
A
끝
```

04 각 칸의 거리가 일정한 도로입니다. 민지네 집에서 병원까지 가는 가장 짧은 길의 가짓수와 민지네 집에서 학교까지 가는 가장 짧은 길의 가짓수를 각각 구해 보시오.

병원까지는 4가지, 학교까지는 3가지

---

1 집에서 도서관까지 가는 가장 짧은 길은 모두 5가지입니다. 그려서도 알 수 있고, 갈림길에서 세어서도 알 수 있습니다.

2 • 정은이의 말이 진실인 경우
정은: 진실 ➡ 지호가 꽃을 꺾었다.
태우: 거짓 ➡ 태우는 꽃을 꺾지 않았다.
지호: 거짓 ➡ 태우는 꽃을 꺾지 않았다.
➡ 꽃을 꺾은 범인은 지호입니다.

• 태우의 말이 진실인 경우
정은: 거짓 ➡ 지호는 꽃을 꺾지 않았다.
태우: 진실 ➡ 태우는 꽃을 꺾었다.
지호: 거짓 ➡ 태우는 꽃을 꺾지 않았다.
➡ 태우와 지호의 말이 서로 맞지 않습니다.

• 지호의 말이 진실인 경우
정은: 거짓 ➡ 지호는 꽃을 꺾지 않았다.
태우: 거짓 ➡ 태우는 꽃을 꺾지 않았다.
지호: 진실 ➡ 태우는 꽃을 꺾었다.
➡ 태우와 지호의 말이 서로 맞지 않습니다.

따라서 정은이의 말이 진실이므로 꽃을 꺾은 범인은 지호입니다.

3 A<B가 될 때까지 계속 A에서 1을 빼는 것을 반복합니다. B는 3이므로, A가 B보다 처음으로 작아지는 것은 2일 때입니다.

4 • 민지네 집에서 병원까지 가는 가장 짧은 길의 가짓수는 4가지입니다.

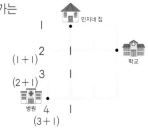

• 민지네 집에서 학교까지 가는 가장 짧은 길의 가짓수는 3가지입니다.

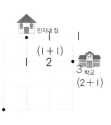

▸ Creative 팩토

▸정답과 풀이 30쪽

05 3명의 친구 중 1명만 진실을 이야기하고 나머지 2명은 거짓을 이야기했습니다. 동화책을 찢은 범인은 1명일 때, 범인을 찾아보시오. **서연**

- 서연: 나는 동화책을 찢지 않았어.
- 민수: 응. 서연이의 말은 진실이야.
- 나영: 민수는 동화책을 찢지 않았어.

06 순서도에서 출력되는 값을 구해 보시오. **3**

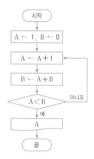

07 윤아는 아린이에게 가려고 합니다. 가장 짧은 길의 가짓수를 구해 보시오. **5**

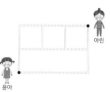
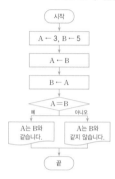

08 순서도에서 출력되는 말을 써 보시오. **A는 B와 같습니다.**

68

69

05
- 민수의 말이 진실이면, 서연이의 말도 진실이 됩니다.
  그러면 진실을 말하는 사람이 2명이 되므로 맞지 않습니다.
- 민수의 말이 거짓이면, 서연이의 말도 거짓이 됩니다.
  ➡ 서연이는 동화책을 찢었습니다.
(나영이의 말만 진실이므로 민수는 동화책을 찢지 않았습니다.)

06

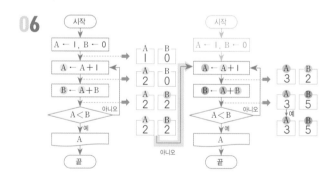

07

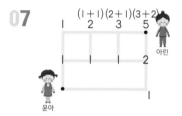

08 A에 B를 넣으면 A와 B의 값이 같아집니다.
B에 A를 넣으면 B와 A의 값이 같아집니다.
따라서 A는 B와 같습니다.

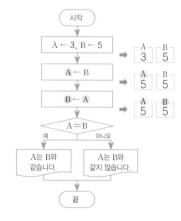

4. 배치하기

▶정답과 풀이 31쪽

대표 문제

길을 사이에 두고 은행, 서점, 백화점, 병원, 옷가게, 공원이 있습니다. 각각의 위치를 찾아 써넣으시오.

- 은행과 서점은 가장 멀리 떨어져 있습니다.
- 은행의 남쪽에는 백화점이 있습니다.
- 병원의 동쪽에는 서점이 있습니다.
- 옷가게의 서쪽에는 공원이 있습니다.

은행	공원	옷가게
백화점	병원	서점

STEP 1 주어진 문장을 보고, 2가지 경우로 나누어 서점, 병원, 약국의 위치를 찾아 써넣으시오.

- 은행과 서점은 가장 멀리 떨어져 있습니다.
- 은행의 남쪽에는 백화점이 있습니다.

경우1

은행
서점 백화점

경우2

은행 공원 옷가게
백화점 병원 서점

STEP 2 주어진 문장을 보고 STEP1의 그림에 병원의 위치를 찾아 써넣고 알맞은 말에 ○표 하시오.

- 병원의 동쪽에는 서점이 있습니다.

➡ 병원의 동쪽에 서점이 있어야 하므로 (경우1 , (경우2))이(가) 맞습니다.

STEP 3 주어진 문장을 보고 STEP1의 그림에 옷가게와 공원의 위치를 써넣으시오. **STEP 1** 참고

- 옷가게의 서쪽에는 공원이 있습니다.

70

---

01 다음과 같은 5칸의 우리 안에 토끼, 돼지, 고양이, 양, 여우가 각각 들어가 있습니다. 동물들의 대화를 보고 각각의 동물이 들어가 있는 우리를 찾아 이름을 써넣으시오.

- **여우**: 나는 가장 남쪽 우리에 있어!
- **고양이**: 내 서쪽에는 토끼가 살아.
- **양**: 내 우리보다 남쪽에 있는 동물들은 서로 친해.
- **돼지**: 난 여우의 북동쪽에 살고 있어!

	양	
토끼	고양이	돼지
	여우	

Lecture ··· 건물 위치 찾기

방향을 나타낼 때 동, 서, 남, 북으로 표현할 수 있습니다.

병원, 공원 위치 찾기

- 우리집의 동쪽에는 병원이 있습니다.
- 우리집의 북동쪽에는 공원이 있습니다.

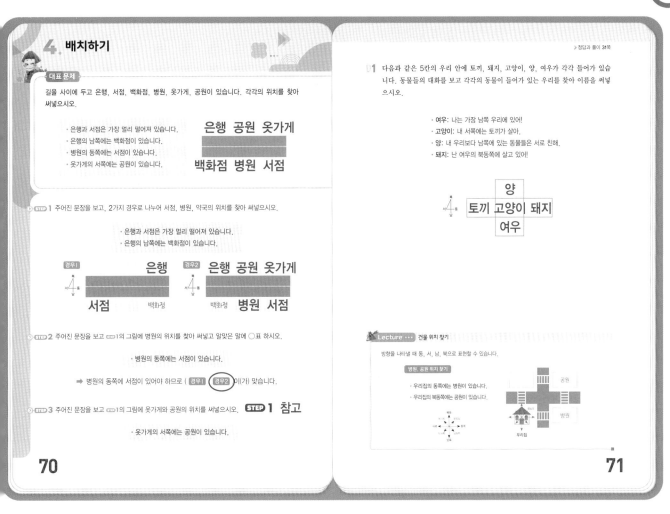

71

대표 문제

STEP 1 은행과 서점은 가장 멀리 떨어져 있어야 하고, 은행의 남쪽에는 백화점이 있어야 하므로 두 가지 경우가 있습니다.

경우1

은행
서점 백화점

경우2

은행
백화점 서점

STEP 2 서점의 서쪽에 병원이 있으므로, 서점의 서쪽 칸이 비어 있는 경우2 가 맞습니다.

은행
백화점 병원 서점

STEP 3 공원의 동쪽에 옷가게가 있어야 합니다.

은행 공원 옷가게
백화점 병원 서점

01

- 여우: 나는 가장 남쪽 우리에 있어! ➡

	여우	

- 양: 내 우리보다 남쪽에 있는 동물들은 서로 친해. ➡

	양	
	여우	

- 돼지: 난 여우의 북동쪽에 살고 있어! ➡

	양	
		돼지
	여우	

- 고양이: 내 서쪽에는 토끼가 살아. ➡

	양	
토끼	고양이	돼지
	여우	

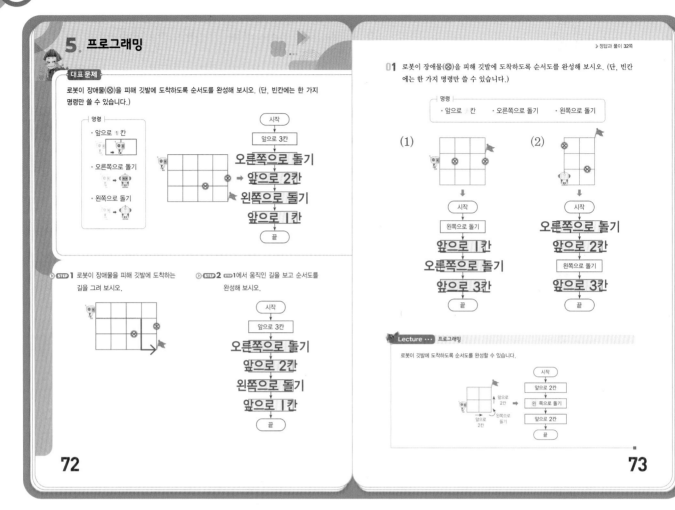

대표 문제

STEP 1 앞으로 3칸 간 다음, 장애물을 피해 깃발에 도착하는 길을 그립니다. 이때, 순서도의 빈칸 수는 4칸이므로 4번의 명령으로 깃발에 도착하도록 그립니다.

STEP 2 그림을 보고 명령을 써서 순서도를 완성합니다.

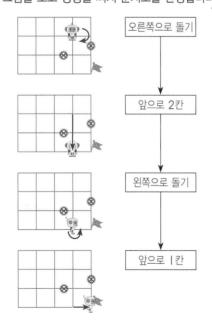

01 (1)

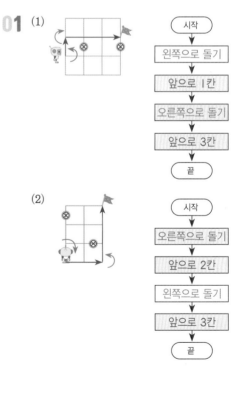

6. 연역표

대표 문제

지원, 서아, 영민, 선호는 의사, 작가, 선생님, 가수 중 서로 다른 장래희망을 1가지씩 가지고 있습니다. 문장을 보고, 친구들의 장래희망을 알아보시오.

- 서아는 장래희망이 의사와 작가인 친구들과 친합니다.
- 영민이의 장래희망은 2글자가 아닙니다.
- 선호와 장래희망이 작가, 가수인 친구들은 서로 모르는 사이입니다.

지원: 작가
서아: 가수
영민: 선생님
선호: 의사

step 1 문장을 보고 알 수 있는 사실을 완성하고, 표 안에 알맞은 것은 ○, 틀린 것은 ×표 하시오.

1 표의 □안에 ○ 또는 ×표 하기

서아는 장래희망이 의사와 작가인 친구들과 친합니다.

알 수 있는 사실
서아의 장래희망은 ((의사), (작가), 선생님 , 가수)가 아닙니다.

2 표의 □안에 ○ 또는 ×표 하기

영민이의 장래희망은 2글자가 아닙니다.

알 수 있는 사실
영민이의 장래희망은 (의사 , 작가 , (선생님) , 가수)입니다.

3 표의 □안에 ○ 또는 ×표 하기

선호와 장래희망이 작가, 가수인 친구들은 서로 모르는 사이입니다.

알 수 있는 사실
선호의 장래희망은 (의사 , (작가) , 선생님 , 가수)가 아닙니다.

	의사	작가	선생님	가수
지원			×	
서아	×	×	×	
영민	×	×	○	×
선호	×	×	×	×

step 2 1의 표의 남은 칸을 완성하여 친구들의 장래희망을 알아보시오.

지원: 작가, 서아: 가수, 영민: 선생님, 선호: 의사

74

---

1 수혁, 현아, 재욱, 소희는 봄, 여름, 가을, 겨울 중 서로 다른 계절을 1가지씩 좋아합니다. 문장을 보고, 표를 이용하여 친구들이 좋아하는 계절을 알아보시오.

- 재욱이는 봄을 좋아합니다.
- 현아는 여름과 가을을 싫어합니다.
- 수혁이는 더운 계절을 좋아하지 않습니다.

수혁: 가을
현아: 겨울
재욱: 봄
소희: 여름

	봄	여름	가을	겨울
수혁	×	×	○	×
현아	×	×	×	○
재욱	○	×	×	×
소희	×	○	×	×

Lecture … 연역표

문장을 보고, 표 안에 좋아하는 것은 ○, 좋아하지 않는 것은 ×표 하여 친구들이 좋아하는 곤충을 알 수 있습니다.

- 시온, 유선, 정우는 나비, 잠자리, 매미 중 서로 다른 곤충을 1가지씩 좋아합니다.
- 시온이는 나비를 좋아합니다.
- 정우는 매미를 좋아하지 않습니다.

	나비	잠자리	매미
시온	○	/	
유선		/	
정우		/	

➡

	나비	잠자리	매미
시온	○	×	×
유선	×		
정우	×		×

➡

	나비	잠자리	매미
시온	○	×	×
유선	×	○	×
정우	×	/	○

시온이는 나비를 좋아하므로
잠자리와 매미를 좋아하지
않습니다.

시온이는 나비를 좋아하므로
유선이와 정우는 나비를
좋아하지 않습니다.

정우가 매미를 좋아하므로
유선이는 잠자리를 좋아합니다.

75

대표 문제

step 1 **1** 서아의 장래희망은
의사, 작가가 아닙니다.

	의사	작가	선생님	가수
지원				
서아	×	×		
영민				
선호				

2 영민이의 장래희망은
선생님입니다.

	의사	작가	선생님	가수
지원			×	
서아	×	×	×	
영민	×	×	○	×
선호			×	

3 선호의 장래희망은
작가, 가수가 아닙니다.

	의사	작가	선생님	가수
지원			×	
서아	×	×	×	
영민	×	×	○	×
선호		×	×	×

step 2 서아의 장래희망은 의사, 작가,
선생님이 아니므로 가수입니다.
선호의 장래희망은 작가, 선생님,
가수가 아니므로 의사입니다.
지원이의 장래희망은 의사, 선생님,
가수가 아니므로 작가입니다.

	의사	작가	선생님	가수
지원	×	○	×	×
서아	×	×	×	○
영민	×	×	○	×
선호	○	×	×	×

---

01 • 재욱이는 봄을 좋아합니다.

	봄	여름	가을	겨울
수혁	×			
현아	×			
재욱	○	×	×	×
소희	×			

• 현아는 여름과 가을을 싫어합니다.
➡ 현아는 겨울을 좋아합니다.

	봄	여름	가을	겨울
수혁	×			×
현아	×	×	×	○
재욱	○	×	×	×
소희	×			×

• 수혁이는 더운 계절을 좋아하지
않습니다.
➡ 수혁이는 가을을 좋아합니다.
➡ 소희는 여름을 좋아합니다.

	봄	여름	가을	겨울
수혁	×	×	○	×
현아	×	×	×	○
재욱	○	×	×	×
소희	×	○	×	×

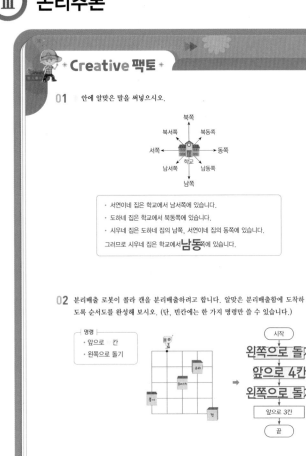

Creative 팩토

정답과 풀이 34쪽

01 안에 알맞은 말을 써넣으시오.

북쪽
북서쪽　북동쪽
서쪽　　동쪽
학교
남서쪽　남동쪽
남쪽

- 서연이네 집은 학교에서 남서쪽에 있습니다.
- 도하네 집은 학교에서 북동쪽에 있습니다.
- 시우네 집은 도하네 집의 남쪽, 서연이네 집의 동쪽에 있습니다.
그러므로 시우네 집은 학교에서 **남동**쪽에 있습니다.

02 분리배출 로봇이 콜라 캔을 분리배출하려고 합니다. 알맞은 분리배출함에 도착하도록 순서도를 완성해 보시오. (단, 빈칸에는 한 가지 명령만 쓸 수 있습니다.)

명령
- 앞으로　칸
- 왼쪽으로 돌기

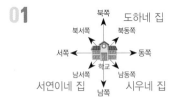

시작
왼쪽으로 돌기
앞으로 4칸
왼쪽으로 돌기
앞으로 3칸
끝

03 다음과 같은 6칸의 우리 안에는 각각 호랑이, 코알라, 곰, 여우, 사슴, 기린이 있습니다. 동물의 위치를 찾아 빈칸에 알맞게 써넣으시오.

- 곰과 사슴 사이에 여우가 있습니다.
- 호랑이와 곰은 붙어 있으면 안 됩니다.
- 코알라의 남서쪽에는 여우가 있고, 서쪽에는 기린이 있습니다.

호랑이	기린	코알라
사슴	여우	곰

04 희준이는 친구의 생일 파티에 가서 케이크, 김밥, 주스, 떡을 순서대로 한 종류씩 먹었습니다. 문장을 보고, 표를 이용하여 희준이가 셋째로 먹은 음식이 무엇인지 알아보시오. **케이크**

- 케이크와 떡은 둘 다 단 음식이어서 그 사이에는 달지 않은 것을 먹어야 했어.
- 목이 말라서 음료수를 마신 다음에는 배가 불러 아무것도 먹지 못했어.
- 내가 가장 먼저 먹은 것은 이름이 가장 짧은 음식이야.

	케이크	김밥	주스	떡
첫째	×	×	×	○
둘째	×	○	×	×
셋째	○	×	×	×
넷째	×	×	○	×

76

77

01

북쪽
　　　도하네 집
북서쪽　북동쪽
서쪽　　동쪽
학교
남서쪽　남동쪽
서연이네 집　남쪽　시우네 집

따라서 시우네 집은 학교에서 남동쪽에 있습니다.

02

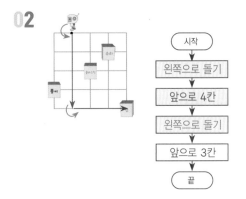

시작
왼쪽으로 돌기
앞으로 4칸
왼쪽으로 돌기
앞으로 3칸
끝

03
- 곰과 사슴 사이에 여우가 있습니다.
- 코알라의 남서쪽에는 여우가 있고, 서쪽에는 기린이 있습니다.
 ➡ 여우는 아래 줄에 있고, 기린과 코알라는 윗줄에 있습니다.

	기린	코알라
	여우	

- 곰은 아래 줄에 있으며 호랑이와 붙어 있으면 안됩니다.
- 사슴은 빈자리에 들어갑니다.

호랑이	기린	코알라
	여우	곰

04 가장 먼저 먹은 것은 떡입니다.
가장 마지막에 먹은 것은 음료수입니다.
떡을 먹고 난 다음에는 달지 않은 김밥을 먹었습니다.
따라서 셋째 번으로 먹은 것은 케이크입니다.

	케이크	김밥	주스	떡
첫째	×	×	×	○
둘째		○	×	×
셋째			×	×
넷째	×	×	○	×

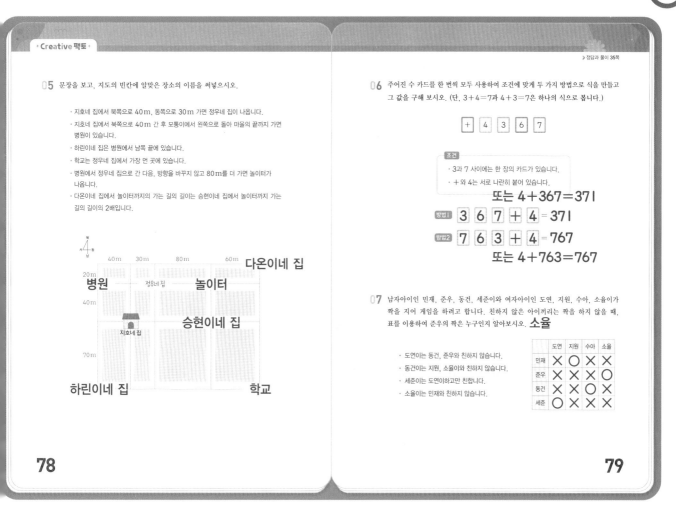

▶정답과 풀이 35쪽

---

05 승현이네 집에서 놀이터까지의 거리는 40 m, 다온이네 집에서 놀이터까지의 거리는 20+60=80(m)입니다.

06 · 3과 7 사이에는 6밖에 있을 수 없습니다.
이때 3과 7은 서로 앞뒤가 바뀌어도 괜찮습니다.
· 4+367=371과 367+4=371은 같은 식입니다.

07 **1** 도연이는 동건, 준우와 친하지 않습니다.

	도연	지원	수아	소율
민재				
준우	X			
동건	X			
세준				

2 동건이는 지원, 소율이와 친하지 않습니다.

	도연	지원	수아	소율
민재			X	
준우	X		X	
동건	X	X	O	X
세준			X	

3 세준이는 도연이하고만 친합니다.

	도연	지원	수아	소율
민재	X		X	
준우	X		X	
동건	X	X	O	X
세준	O	X	X	X

4 소율이는 민재와 친하지 않습니다.

	도연	지원	수아	소율
민재	X	O	X	X
준우	X	X	X	O
동건	X	X	O	X
세준	O	X	X	X

+Perfect 경시대회+

▶정답과 풀이 36쪽

01 매표소에서 놀이 기구까지 가장 짧은 길로 가려고 합니다. 공사 중인 곳이 있어 지나갈 수 없는 길을 제외하고, 가장 짧은 길의 가짓수를 구해 보시오. **11가지**

02 세미, 수아, 연우, 민서는 4층짜리 빌라의 각 층에 한 명씩 살고 있습니다. 대화를 보고, 네 사람은 각각 몇 층에 살고 있는지 알아보시오.

- 세미: 나는 4층에 살지 않아.
- 수아: 나는 민서보다 높은 층에 살아.
- 연우: 난 세미보다 낮은 층에 살아.
- 민서: 난 수아와 바로 위 또는 아래 층에 살고 있어.

수아: 4층
민서: 3층
세미: 2층
연우: 1층

03 시은, 준수, 혜리, 지훈이는 달리기 시합을 하였습니다. 준수는 참말을 했고 나머지 친구들 중 한 명은 참말, 한 명은 거짓말을 했습니다. 같은 등수는 없다고 할 때, 대화를 보고, 2등은 누구인지 알아보시오. **혜리**

- 시은: 나는 2등이고 지훈이는 4등이야.
- 준수: 나보다 먼저 들어온 사람은 없고, 지훈이는 3등을 했어.
- 혜리: 시은이는 4등이야.

04 1부터 10까지의 수의 합 S를 구하는 순서도를 완성해 보시오.

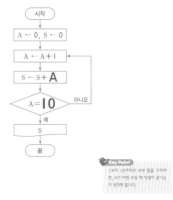

Key Point
1부터 10까지의 수의 합을 구하려면, A가 어떤 수일 때 덧셈이 끝나는지 생각해 봅니다.

80

81

01

```
        (1+3) (4+3) (7+4)
          4     7    11
        (1+2)       (3+1)
          3     3     4   놀이 기구
        (1+1)
          2     🚧
      매표소
```

02
- 세미: 나는 4층에 살지 않아.
- 연우: 난 세미보다 낮은 층에 살아.
  ➡ 4층 > 세미 > 연우
- 수아: 나는 민서보다 높은 층에 살아.
- 민서: 난 수아와 바로 위 또는 아래 층에 살고 있어.
  ➡ 수아 > 민서

따라서 수아 > 민서 > 세미 > 연우가 됩니다.

03
- 준수: 나보다 먼저 들어온 사람은 없고, 지훈이는 3등을 했어.
  ➡ 준수는 1등이고 지훈이는 3등입니다.
- 시은이의 말이 진실인 경우: 시은이는 2등이고 지훈이는 4등이어야 하는데, 지훈이는 3등이므로 맞지 않습니다.
- 혜리의 말이 진실인 경우: 시은이는 4등, 혜리는 2등이 됩니다.

따라서 2등을 한 사람은 혜리입니다.

04 S에는 A가 1일 때부터 더하기 시작하므로, 처음에는 0이어야 합니다.

A가 1일 때부터 S에 A를 계속 더해 가서 10까지 계속 더합니다.

A=10일 때는 이미 S에 10을 더한 상태이므로, 더 이상 더하지 않고 끝나야 합니다.

✳ Challenge 영재교육원 ✳

➤ 정답과 풀이 37쪽

01 출발에서 도착까지 가는 가장 짧은 길을 모두 그리고 가장 짧은 길의 가짓수를 구해 보시오.

02 승우는 보물 찾는 방법이 적힌 쪽지를 발견했습니다. 쪽지에 적힌 말을 순서도로 간단히 나타내어 보시오.

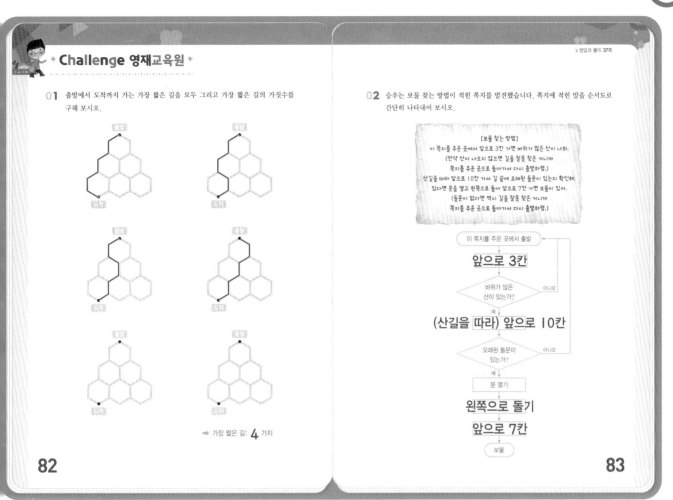

➡ 가장 짧은 길: **4** 가지

82

83

---

01 출발부터 도착까지 가장 짧은 길은 7칸입니다.
7칸으로 갈 수 있는 길을 출발 방향에 따라 그려 봅니다.

02 순서대로 읽으면서 순서도를 완성합니다.

평가

01 7장의 숫자 카드를 모두 사용하여 (네 자리 수) − (세 자리 수)의 식을 만들려고 합니다. 계산 결과가 가장 클 때의 값을 구해 보시오. **9661**

0 4 1 5
6 9 7

➡ **뺄셈식**
□□□□ − □□□

02 5장의 숫자 카드 중 4장을 사용하여 곱셈식을 만들려고 합니다. 계산 결과가 가장 클 때의 값을 구해 보시오. **6975**

1 3 5 7 9

2

03 다음 덧셈식에서 각각의 모양이 나타내는 숫자를 구해 보시오. (단, 같은 모양은 같은 숫자를, 다른 모양은 다른 숫자를 나타냅니다.)

●=5, ◆=6, ▲=3

```
    ● ◆ ◆
  +   ◆ ◆
 ─────────
    ◆ ▲ 2
```

04 다음 곱셈식에서 A×B의 값을 구해 보시오. (단, 같은 알파벳은 같은 숫자를, 다른 알파벳은 다른 숫자를 나타냅니다.) **7**

```
    A B
  ×   B
 ───────
  A A 9
```

3

---

01 계산 결과가 가장 크려면 네 자리 수가 가장 크고, 세 자리 수는 가장 작아야 합니다.
➡ 9765 − 104 = 9661

02 곱이 가장 클 때의 값을 구해야 하므로 1은 사용하지 않습니다.
(세 자리 수)×(한 자리 수)의 값이 가장 크려면 가장 큰 수를 한 자리 수로 해야 합니다. ➡ 753 × 9 = 6777
(두 자리 수)×(두 자리 수)의 값이 가장 크려면 가장 큰 수 9와 둘째로 큰 수 7을 십의 자리에 각각 넣고, 남은 수 5와 3을 일의 자리에 넣어 계산한 후 비교합니다.
➡ 95 × 73 = 6935, 93 × 75 = 6975
따라서 6777 < 6935 < 6975이므로 곱이 가장 클 때의 값은 6975입니다.

03 ◆ + ◆의 계산값의 일의 자리 숫자가 2가 되려면 ◆=1 또는 ◆=6이어야 합니다. 그런데 ◆은 계산 결과의 백의 자리에도 사용되었으므로 1이 아닙니다.
따라서 ◆=6입니다.
십의 자리 계산에서 1+6+6=13이므로 ▲=3입니다.
백의 자리 계산에서 1+●=6이므로 ●=5입니다.

```
    ● 6 6
  +   6 6
 ─────────
    6 ▲ 2
```

04 B×B의 일의 자리 수가 9이므로 B는 3 또는 7입니다.
B가 3인 경우, A에 3을 곱하여 A로 시작하는 세 자리 수를 만들 수 없습니다.

```
    A 3
  ×   3
 ───────
  A A 9
```

B가 7인 경우, A에 7을 곱하여 A로 시작하는 세 자리 수가 되는 경우는 A가 1일 때뿐입니다.

```
    A 7
  ×   7
 ───────
  A A 9
```

따라서 A=1, B=7이므로
A×B = 1 × 7 = 7입니다.

5 오른쪽과 아래쪽에 있는 수는 각 줄의 모양이 나타내는 수들의 합입니다. ☐ 안에 알맞은 수를 써넣으시오. (단, 같은 모양은 같은 수를, 다른 모양은 다른 수를 나타냅니다.

6 4장의 숫자 카드를 모두 사용하여 (두 자리 수)×(두 자리 수)의 식을 만들려고 합니다. 계산 결과가 가장 클 때와 가장 작을 때의 값을 각각 구해 보시오.

5 8 7 3

곱이 가장 클 때: 6225
곱이 가장 작을 때: 2146

7 다음 덧셈식에서 A+B+C의 값을 구해 보시오. (단, 같은 알파벳은 같은 숫자를, 다른 알파벳은 다른 숫자를 나타냅니다.) **12**

```
    A B A
+     A C
─────────
  B 0 B B
```

8 다음 식에서 ★, ▲, ●이 나타내는 숫자를 각각 구해 보시오. (단, 같은 모양은 같은 숫자를, 다른 모양은 다른 숫자를 나타냅니다.)

★=1,
▲=2,
●=6

4

5

---

05 ♠+♠+♠=9 ➡ ♠=3
♠+◆+♠=12, 3+◆+3=12 ➡ ◆=6
▲+♠=7, ▲+3=7 ➡ ▲=4
▲+●+◆=12, 4+●+6=12 ➡ ●=2
따라서 ♠+●+▲=3+2+4=9입니다.

06 곱이 가장 클 때:
가장 큰 수와 둘째로 큰 수를 십의 자리에 각각 넣고, 남은 수를 일의 자리에 넣어 계산한 후 비교합니다.

```
    8 5          8 3
  × 7 3        × 7 5
─────────    ─────────
  6 2 0 5      6 2 2 5
```

곱이 가장 작을 때:
가장 작은 수와 둘째로 작은 수를 십의 자리에 각각 넣고, 남은 두 수를 일의 자리에 넣어 계산한 후 비교합니다.

```
    3 8          3 7
  × 5 7        × 5 8
─────────    ─────────
  2 1 6 6      2 1 4 6
```

07 백의 자리 계산에서 받아올림이 있으므로
B=1, A=9입니다.

```
    9 1 9
+     9 C
─────────
  1 0 1 1
```

따라서 C=2이므로 A+B+C=9+1+2=12입니다.

08 ●+●=★▲이므로 ★=1입니다.
1●+●=▲▲이므로 ▲=2입니다.
1●+●=22이므로 ●=6입니다.
따라서 ★=1, ▲=2, ●=6입니다.

09 오른쪽과 아래쪽에 있는 수는 각 줄의 모양이 나타내는 수들의 합입니다. ☐ 안에 들어갈 수를 구해 보시오. (단, 같은 모양은 같은 수를, 다른 모양은 다른 수를 나타냅니다.)

10 두 수의 합이 90인 두 자리 수와 한 자리 수가 있습니다. ? 에 들어갈 가장 큰 수를 구해 보시오. **729**

- ☐☐ + ☐ = 90
- ☐☐ × ☐ = ?

수고하셨습니다!

정답과 풀이 38쪽 ▶

6

---

09 ♥+●=6, ♥+●+♥=8 ➡ ♥=2, ●=4
♥+♥+★=7, 2+2+★=7 ➡ ★=3
▲+▲+●=14, ▲+▲+4=14 ➡ ▲=5
●+◆=5, 4+◆=5 ➡ ◆=1
따라서 ▲+♥+◆+♥=5+2+1+2=10입니다.

10 (두 자리 수)×(한 자리 수)의 식에서 곱하는 한 자리 수에 가장 큰 수를 넣어야 가장 큰 곱이 됩니다.
(두 자리 수)+(한 자리 수)=90에서 더하는 한 자리 수에 들어갈 수 있는 가장 큰 수는 9이므로
(두 자리 수)+9=90, (두 자리 수)=90-9=81입니다.
따라서 ? 에 들어갈 가장 큰 수는 81×9=729입니다.

형성평가 공간 영역

01 2개의 도형을 겹쳐서 오른쪽과 같은 모양을 만들었습니다. 겹친 도형 2개를 찾아 기호를 써 보시오. **나, 라**

겹친 모양

02 다음 모양을 보고 위, 앞, 옆에서 본 모양을 각각 그려 보시오.

위에서 본 모양 　　앞에서 본 모양 　　옆에서 본 모양

03 주어진 주사위를 맞닿은 두 면의 눈의 수의 합이 7이 되도록 이어 붙였을 때, 분홍색으로 칠한 면의 눈의 수를 구해 보시오. (단, 주사위의 마주 보는 두 면의 눈의 수의 합은 7입니다.) **2**

04 다음과 같이 색종이를 접어 검은색 선을 따라 자른 후 펼쳤을 때 나오는 삼각형과 사각형은 각각 몇 개인지 구해 보시오. **삼각형: 3개, 사각형: 1개**

접기 　펼치기

펼친 모양

8　　　　9

---

01 겹쳐진 부분의 모양의 특징을 보고 어떤 도형을 겹쳤는지 찾아봅니다.

뾰족한 부분이 있고,
곧은 선으로만 이루어져
있으므로 정삼각형과
정사각형을 겹쳤습니다.

02 위, 앞, 옆에서 보이는 부분에 색칠하고, 위, 앞, 옆에서 본 모양을 그려 봅니다.

위에서 본 모양 　　앞에서 본 모양 　　옆에서 본 모양

03

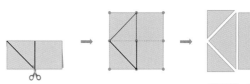

③ 모양
④ 눈의 수의 합: 7
① 7점 원리
⑤ 7점 원리
② 눈의 수의 합: 7
4　　2　5　2
3

04 접은 선을 기준으로 양쪽이 대칭이 되도록 잘려진 선을 그려 삼각형과 사각형의 개수를 구합니다.

삼각형: 3개
사각형: 1개

형성평가 공간 영역

05 다음은 쌓기나무로 쌓은 모양을 위에서 본 모양에 각 자리에 쌓여 있는 쌓기나무의 개수를 나타낸 것입니다. 옆에서 본 모양을 그려 보시오.

06 다음 종이를 숫자 '2'가 가장 위에 올라오도록 선을 따라 접은 후, 검은색 부분을 자르고 펼쳤습니다. 펼친 모양에 잘려진 부분을 색칠해 보시오. (단, 종이 뒷면에는 아무것도 쓰여 있지 않습니다.)

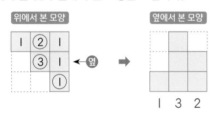

펼친 모양

07 다음과 같이 색종이를 접어 검은색 선을 따라 자른 후 펼쳤을 때 나오는 삼각형과 사각형은 각각 몇 개인지 구해 보시오. **삼각형: 4개, 사각형: 2개**

펼친 모양

08 주어진 주사위를 맞닿은 두 면의 눈의 수가 같도록 이어 붙였을 때, 분홍색으로 칠한 면의 눈의 수를 구해 보시오. (단, 주사위의 마주 보는 두 면의 눈의 수의 합은 7입니다.) **3**

10

11

---

05 위에서 본 모양의 오른쪽 옆 각 줄에서 보이는 가장 큰 쌓기나무의 수를 찾아 옆에서 본 모양을 그립니다.

위에서 본 모양

옆에서 본 모양

1 3 2

06 접은 선을 기준으로 대칭이 되도록 잘려진 부분을 색칠합니다.

1	2	3
4	5	6

07 접은 선을 기준으로 양쪽이 대칭이 되도록 잘려진 선을 그려 삼각형과 사각형의 개수를 구합니다.

삼각형: 4개
사각형: 2개

08

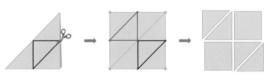

① 7점 원리
② 눈이 같다.

③ 굴리기 → 3 3 4
④ 눈이 같다. ⑤ 7점 원리
⑥ 눈이 같다. ⑦ 7점 원리

형성평가 공간 영역

09 다음 종이를 ✚ 모양이 가장 위에 올라오도록 선을 따라 접은 후, 검은색 부분을
자르고 펼쳤습니다. 펼친 모양에 잘려진 부분을 색칠해 보시오. (단, 종이 뒷면에
는 아무것도 쓰여 있지 않습니다.)

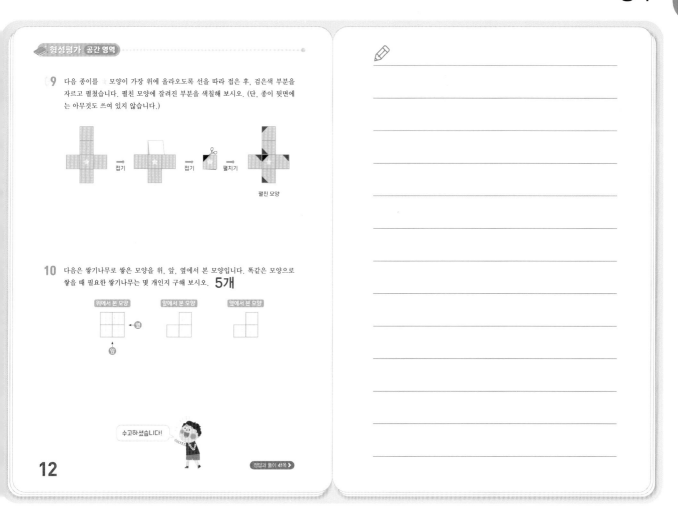

10 다음은 쌓기나무로 쌓은 모양을 위, 앞, 옆에서 본 모양입니다. 똑같은 모양으로
쌓을 때 필요한 쌓기나무는 몇 개인지 구해 보시오. **5개**

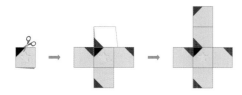

수고하셨습니다!

12

정답과 풀이 41쪽 >

---

09 차례로 펼쳐가며 잘려진 부분을 색칠합니다.

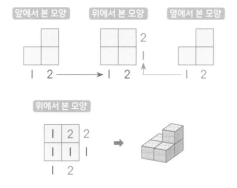

10 위에서 본 모양의 아래쪽에는 앞에서 본 모양의 개수를 쓰
고, 오른쪽에는 오른쪽 옆에서 본 모양의 개수를 씁니다.

앞에서 본 모양　위에서 본 모양　옆에서 본 모양

위에서 본 모양

평가

01 출발에서 도착까지 가는 가장 짧은 길의 가짓수를 구해 보시오. **7가지**

02 3명의 친구 중 1명만 진실을 이야기하고 나머지 2명은 거짓을 이야기했습니다. 몰래 초콜릿을 먹은 범인은 1명일 때, 범인을 찾아보시오. **이든**

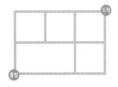

이든이가 초콜릿을 먹었어.	나는 초콜릿을 먹지 않았어.	이든이는 초콜릿을 먹지 않았어.
유준	이든	지아

03 순서도에서 출력되는 S의 값을 구해 보시오. **60**

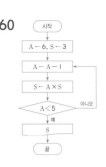

04 친구들이 앉는 자리를 정하려고 합니다. 친구들의 위치를 찾아 빈 곳에 알맞게 써 넣으시오.

- 지아와 태하는 가장 멀리 떨어져 있습니다.
- 현우의 서쪽에는 시현이가 있습니다.
- 예준이의 동쪽에는 다은이가 있습니다.
- 지아의 북쪽에는 현우가 있습니다.

태하	시현	현우
예준	다은	지아

14

15

01

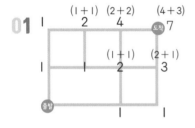

```
    (1+1) (2+2)   (4+3)
1     2     4    도착 7
     (1+1) (2+1)
       2     3
출발
```

02
- 유준이의 말이 진실인 경우
  - 유준: [진실] ➡ 이든이가 초콜릿을 먹었습니다.
  - 이든: [거짓] ➡ 이든이가 초콜릿을 먹었습니다.
  - 지아: [거짓] ➡ 이든이가 초콜릿을 먹었습니다.
  - ➡ 초콜릿을 먹은 사람은 이든이입니다.

- 이든이의 말이 진실인 경우
  - 유준: [거짓] ➡ 이든이는 초콜릿을 먹지 않았습니다.
  - 이든: [진실] ➡ 이든이는 초콜릿을 먹지 않았습니다.
  - 지아: [거짓] ➡ 이든이가 초콜릿을 먹었습니다.
  - ➡ 세 사람의 말이 서로 맞지 않습니다.

- 지아의 말이 진실인 경우
  - 유준: [거짓] ➡ 이든이는 초콜릿을 먹지 않았습니다.
  - 이든: [거짓] ➡ 이든이가 초콜릿을 먹었습니다.
  - 지아: [진실] ➡ 이든이는 초콜릿을 먹지 않았습니다.
  - ➡ 세 사람의 말이 서로 맞지 않습니다.

따라서 유준이의 말이 진실이고, 범인은 이든이입니다.

03

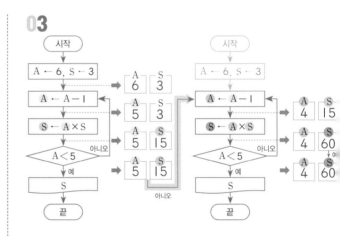

04
- 지아와 태하는 가장 멀리 떨어져 있고 지아의 북쪽에는 현우가 있습니다. 그리고 현우의 서쪽에는 시현이가 있습니다.

태하	시현	현우
		지아

- 예준이의 동쪽에는 다은이가 있습니다.

태하	시현	현우
예준	다은	지아

05 로봇이 장애물(⊗)을 피해 깃발에 도착하도록 순서도를 완성해 보시오.
(단, 빈칸에는 한 가지 명령만 쓸 수 있습니다.)

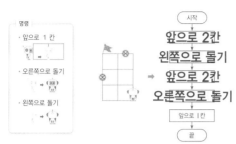

명령
· 앞으로 1 칸
· 오른쪽으로 돌기
· 왼쪽으로 돌기

```
시작
앞으로 2칸
왼쪽으로 돌기
앞으로 2칸
오른쪽으로 돌기
앞으로 1칸
끝
```

06 수아, 채은, 예린, 현서는 장미, 벚꽃, 튤립, 수선화 중 서로 다른 꽃을 1가지씩 좋아합니다. 문장을 보고, 표를 이용하여 현서가 좋아하는 꽃을 알아보시오. **장미**

· 채은이가 좋아하는 꽃의 이름은 3글자입니다.
· 예린이는 튤립을 싫어합니다.
· 수아와 예린이는 장미를 좋아하지 않습니다.

	장미	벚꽃	튤립	수선화
수아	✕	✕	◯	✕
채은	✕	✕	✕	◯
예린	✕	◯	✕	✕
현서	◯	✕	✕	✕

07 ⊗에서 ⊗까지 가는 가장 짧은 길의 가짓수를 구해 보시오. **17가지**

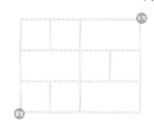

08 3명의 친구 중 1명만 진실을 이야기하고 나머지 2명은 거짓을 이야기했습니다. 컵을 깨뜨린 범인은 1명일 때, 범인을 찾아보시오. **강빈**

강빈이가 컵을 깨뜨렸어. 윤서
내가 컵을 깨뜨렸어. 지후
맞아, 지후가 컵을 깨뜨렸어. 강빈

16

17

05

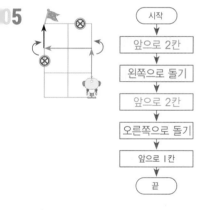

```
시작
앞으로 2칸
왼쪽으로 돌기
앞으로 2칸
오른쪽으로 돌기
앞으로 1칸
끝
```

06
· 채은이가 좋아하는 꽃의 이름은 3글자입니다.

	장미	벚꽃	튤립	수선화
수아				✕
채은	✕	✕	✕	◯
예린				✕
현서				✕

· 예린이는 튤립을 싫어합니다.

	장미	벚꽃	튤립	수선화
수아				
채은	✕	✕	✕	◯
예린			✕	✕
현서				✕

· 수아와 예린이는 장미를 좋아하지 않습니다.

	장미	벚꽃	튤립	수선화
수아	✕	✕	◯	✕
채은	✕	✕	✕	◯
예린	✕	◯	✕	✕
현서	◯	✕	✕	✕

07

```
(1+1)  (2+4)         (6+11)
  2      6              도착 17
1        4    7    11
 (1+3) (4+3) (7+4)
1
 (1+1) (2+1)  (3+1)
  2     3   3   4
출발
  1         1       1
```

08
· 윤서의 말이 진실인 경우
　윤서: 진실 ➡ 강빈이가 컵을 깨뜨렸습니다.
　지후: 거짓 ➡ 지후는 컵을 깨뜨리지 않았습니다.
　강빈: 거짓 ➡ 지후는 컵을 깨뜨리지 않았습니다.
　➡ 컵을 깨뜨린 사람은 강빈이입니다.

· 지후의 말이 진실인 경우
　윤서: 거짓 ➡ 강빈이는 컵을 깨뜨리지 않았습니다.
　지후: 진실 ➡ 지후가 컵을 깨뜨렸습니다.
　강빈: 거짓 ➡ 지후는 컵을 깨뜨리지 않았습니다.
　➡ 지후와 강빈이의 말이 서로 맞지 않습니다.

· 강빈이의 말이 진실인 경우
　윤서: 거짓 ➡ 강빈이는 컵을 깨뜨리지 않았습니다.
　지후: 거짓 ➡ 지후는 컵을 깨뜨리지 않았습니다.
　강빈: 진실 ➡ 지후가 컵을 깨뜨렸습니다.
　➡ 지후와 강빈이의 말이 서로 맞지 않습니다.

평가

09 안에 알맞은 말을 써넣으시오.

- 채원이네 집은 도서관에서 북동쪽에 있습니다.
- 서현이네 집은 도서관에서 북서쪽에 있습니다.
- 은찬이네 집은 채원이네 집의 남서쪽, 서현이네 집의 남쪽에 있습니다.

그러므로 은찬이네 집은 도서관에서 **남서**쪽에 있습니다.

10 서준, 하율, 도윤, 시우는 과제를 하기 위해 인터넷 조사, 도서 조사, 문서 정리, 발표 중 잘하는 것을 각각 하나씩 맡아서 하기로 했습니다. 문장을 보고, 표를 이용하여 인터넷 조사를 하는 사람이 누구인지 알아보시오. **도윤**

- 서준이는 문서를 잘 정리합니다.
- 하율이는 인터넷에서 자료를 찾는 것을 좋아하지 않습니다.
- 시우는 앞에서 발표하는 것을 좋아합니다.

	인터넷 조사	도서 조사	문서 정리	발표
서준	✕	✕	◯	✕
하율	✕	◯	✕	✕
도윤	◯	✕	✕	✕
시우	✕	✕	✕	◯

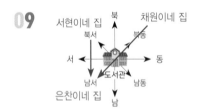

수고하셨습니다!

18

정답과 풀이 44쪽 ▶

09

따라서 은찬이네 집은 도서관에서 남서쪽에 있습니다.

10 • 서준이는 문서를 잘 정리합니다.

	인터넷 조사	도서 조사	문서 정리	발표
서준	✕	✕	◯	✕
하율			✕	
도윤			✕	
시우			✕	

• 하율이는 인터넷에서 자료를 찾는 것을 좋아하지 않습니다.

	인터넷 조사	도서 조사	문서 정리	발표
서준	✕	✕	◯	✕
하율	✕		✕	
도윤			✕	
시우			✕	

• 시우는 앞에서 발표하는 것을 좋아합니다.

	인터넷 조사	도서 조사	문서 정리	발표
서준	✕	✕	◯	✕
하율	✕	◯	✕	✕
도윤	◯	✕	✕	✕
시우	✕	✕	✕	◯

총괄평가

01 5장의 숫자 카드를 빈칸에 1장씩 넣어 2가지 방법으로 올바른 식이 되도록 만들어 보시오.

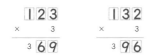

$$\begin{array}{r} 1\,2\,3 \\ \times \quad 3 \\ \hline 3\,6\,9 \end{array} \qquad \begin{array}{r} 1\,3\,2 \\ \times \quad 3 \\ \hline 3\,9\,6 \end{array}$$

02 6장의 숫자 카드를 모두 사용하여 계산 결과가 가장 작은 식을 만들 때, ㉮에 들어 갈 수를 구해 보시오. **7**

$$\begin{array}{r} \square\,\square\,\square \\ - \square\,\square\,㉮ \end{array}$$

03 다음 덧셈식에서 ●, ★이 나타내는 숫자의 차를 구해 보시오. (단, 같은 모양은 같은 숫자를, 다른 모양은 다른 숫자를 나타냅니다.) **1**

04 주어진 삼각형과 사각형을 여러 방향으로 돌려 가며 서로 겹쳤을 때, 겹쳐진 부분의 모양이 될 수 없는 것을 찾아 기호를 써 보시오. **㉯**

20

21

---

01 곱의 백의 자리 숫자가 3이므로 곱해지는 수의 백의 자리에는 1이 들어가야 합니다.
2에 3을 곱하면 6이고, 3에 3을 곱하면 9이므로 123×3＝369 또는 132×3＝396이 됩니다.

02 차가 가장 작은 두 수는 1과 0, 4와 5입니다.
백의 자리에는 0이 들어갈 수 없으므로 백의 자리에 4와 5를 넣습니다. 남은 수인 0, 1, 7, 9로 만들 수 있는 계산 결과가 가장 작은 뺄셈식은 501－497＝4입니다.
따라서 ㉮에 들어갈 수는 7입니다.

$$\begin{array}{r} 5\,0\,1 \\ - 4\,9\,7 \\ \hline 4 \end{array}$$

03 십의 자리에서 받아올림이 있으므로 1+●＝★이고, 일의 자리에서 ★+★의 일의 자리 숫자가 ●이므로 ●＝8, ★＝9입니다.

$$\begin{array}{r} ●\,★\,★ \\ + \quad ★\,★ \\ \hline ★\,★\,● \end{array} \Rightarrow \begin{array}{r} 8\,9\,9 \\ + \quad 9\,9 \\ \hline 9\,9\,8 \end{array}$$

따라서 두 수의 차는 1입니다.

별해 십의 자리에서 받아올림이 있으므로 1+●＝★입니다. 즉 ★은 ●모양보다 1 큰 수이므로 두 모양이 나타내는 숫자의 차는 1입니다.

04 겹쳐진 부분이 사각형 안에 들어가도록 알맞은 위치를 찾아 그립니다.

㉮　　　　㉯　　　　㉱

Lv. ❸ 응용 C

05 주어진 주사위를 맞닿은 두 면의 눈의 수의 합이 6이 되도록 이어 붙였을 때, 분홍색으로 칠한 면의 눈의 수를 구해 보시오. (단, 주사위의 마주 보는 두 면의 눈의 수의 합은 7입니다.) **2**

06 다음 종이를 숫자 'l'이 가장 위에 올라오도록 선을 따라 접은 후, 검은색 부분을 자르고 펼쳤습니다. 펼친 모양에 잘려진 부분을 색칠해 보시오. (단, 종이 뒷면에는 아무것도 쓰여 있지 않습니다.)

펼친 모양

07 민서는 소윤이에게 가려고 합니다. 가장 짧은 길의 가짓수를 구해 보시오. **15가지**

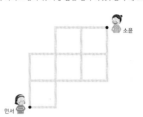

08 거리에는 서점, 병원, 학교, 공원이 서로 다른 위치에 있습니다. 다음 설명을 보고 각각의 위치를 찾아 빈 곳에 알맞게 써넣으시오.

· 병원의 남쪽에는 학교가 있습니다.
· 공원의 서쪽에는 병원이 있습니다.

22

23

05

① 7점 원리
② 눈의 수의 합: 6
③ 굴리기
④ 눈의 수의 합: 6
⑤ 7점 원리

06 차례로 펼쳐가며 잘려진 부분을 색칠합니다.

07

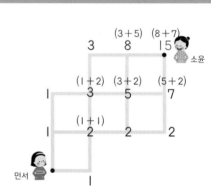

08 병원의 남쪽에는 학교가 있고, 공원의 서쪽에 병원이 있으므로 병원의 동쪽에는 공원이 있습니다.

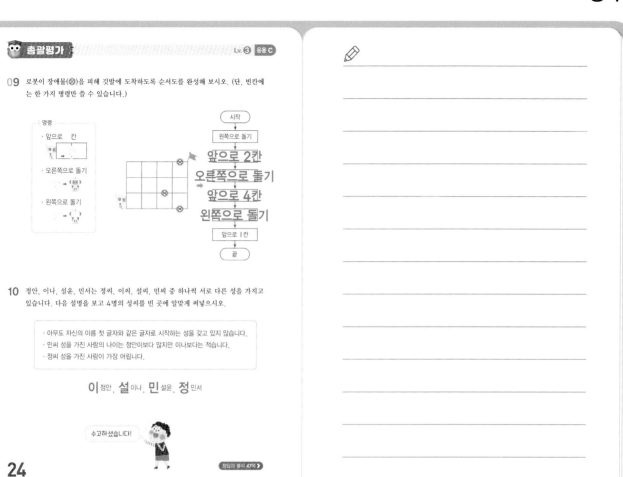

09 로봇이 장애물(⊗)을 피해 깃발에 도착하도록 순서도를 완성해 보시오. (단, 빈칸에는 한 가지 명령만 쓸 수 있습니다.)

명령

· 앞으로 ☐ 칸

· 오른쪽으로 돌기

· 왼쪽으로 돌기

시작 → 왼쪽으로 돌기 → **앞으로 2칸** → **오른쪽으로 돌기** → **앞으로 4칸** → **왼쪽으로 돌기** → 앞으로 1칸 → 끝

10 정안, 이나, 설윤, 민서는 정씨, 이씨, 설씨, 민씨 중 하나씩 서로 다른 성을 가지고 있습니다. 다음 설명을 보고 4명의 성씨를 빈 곳에 알맞게 써넣으시오.

· 아무도 자신의 이름 첫 글자와 같은 글자로 시작하는 성을 갖고 있지 않습니다.
· 민씨 성을 가진 사람의 나이는 정안이보다 많지만 이나보다는 적습니다.
· 정씨 성을 가진 사람이 가장 어립니다.

이 정안, **설** 이나, **민** 설윤, **정** 민서

수고하셨습니다!

24

정답과 풀이 47쪽 ▶

09

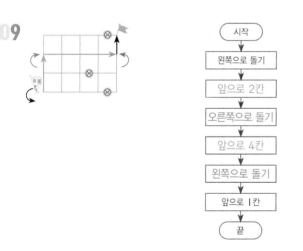

시작 → 왼쪽으로 돌기 → 앞으로 2칸 → 오른쪽으로 돌기 → 앞으로 4칸 → 왼쪽으로 돌기 → 앞으로 1칸 → 끝

10 민씨 성을 가진 사람의 나이는 정안이보다 많지만 이나보다 적으므로 민씨 성을 가진 사람은 설윤이입니다.
또, 나이가 가장 어린 사람은 정안이가 될 수 없으므로 정씨 성을 가진 사람은 민서입니다.

MEMO

MEMO

MEMO

창의사고력
초등수학
팩토

팩토 는 자유롭게 자신감있게 창의적으로
생각하는 주·니·어·수·학·자입니다.

Free **A**ctive **C**reative **T**hinking O. Junior mathtian

논리적 사고력과 창의적 문제해결력을 키워 주는
매스티안 교재 활용법!

대상	창의사고력 교재		연산 교재
	팩토슐레 시리즈	팩토 시리즈	원리 연산 소마셈
4~5세	팩토슐레 Math Lv.1 (6권)		
5~6세	팩토슐레 Math Lv.2 (6권)		
6~7세	팩토슐레 Math Lv.3 (6권)	팩토 킨더 A 팩토 킨더 B 팩토 킨더 C 팩토 킨더 D	소마셈 K시리즈 K1~K8
7세~초1		팩토 키즈 기본 A, B, C 팩토 키즈 응용 A, B, C	소마셈 P시리즈 P1~P8
초1~2		팩토 Lv.1 기본 A, B, C 팩토 Lv.1 응용 A, B, C	소마셈 A시리즈 A1~A8
초2~3		팩토 Lv.2 기본 A, B, C 팩토 Lv.2 응용 A, B, C	소마셈 B시리즈 B1~B8
초3~4		팩토 Lv.3 기본 A, B, C 팩토 Lv.3 응용 A, B, C	소마셈 C시리즈 C1~C8
초4~5		팩토 Lv.4 기본 A, B 팩토 Lv.4 응용 A, B	소마셈 D시리즈 D1~D6
초5~6		팩토 Lv.5 기본 A, B 팩토 Lv.5 응용 A, B	
초6~		팩토 Lv.6 기본 A, B 팩토 Lv.6 응용 A, B	